여행자를 위한
도시 인문학

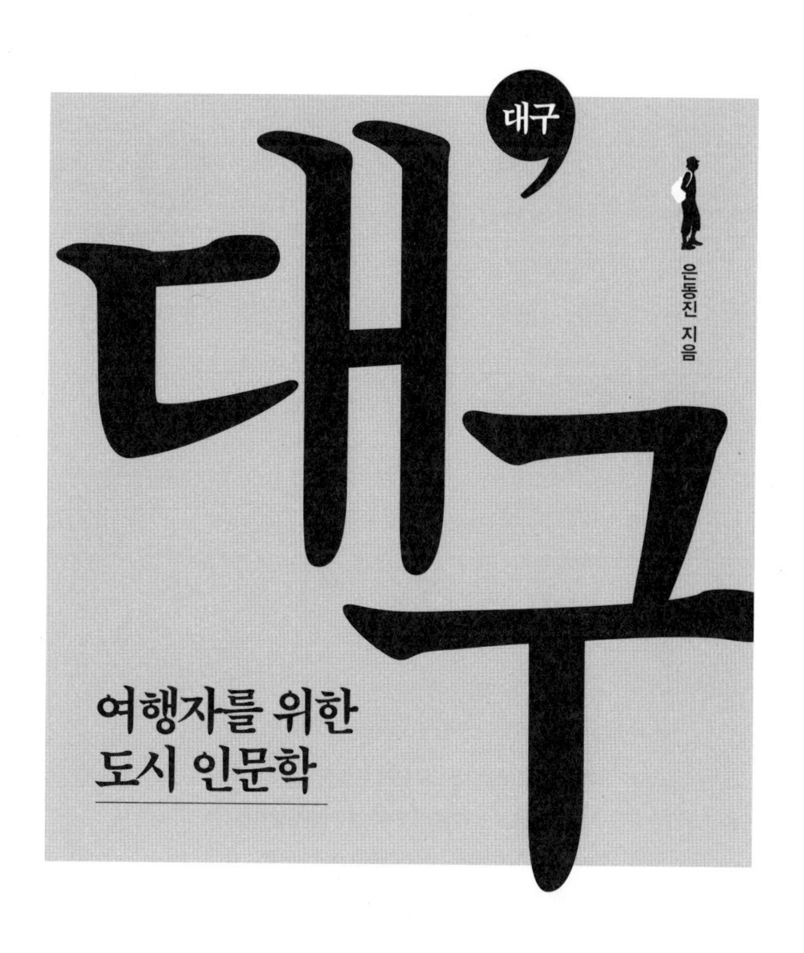

가지
KINDS BOOK

목
차

여행자를 위한
도시 인문학

제2부 일상을 특별하게 해주는 멋과 맛

제3부 도심 속 역사 산책

제4부 대구의 별이 된 인물들

제5부 도시가 들려주는 이야기

부록

'걸어서 대구 인문여행' 추천 코스

서문

노잼·보수 도시의 숨은 매력에 퐁당 빠져볼 수 있기를

인간은 누구나 평등하게 태어난다. 누구나 고향이 있다는 점에서 특히 평등하다. 물론 대도시나 명승지, 빈곤한 산촌 등 태어난 환경이 다를 수는 있지만, 내가 나고 자란 장소라는 이유만으로 우리는 평생 그곳에 관심을 기울이며 추억한다.

나의 고향은 대구다. 서울에 10년 넘게 살면서 즐거울 때나 힘들 때면 항상 고향을 그렸던 것 같다. 그저 단순히 초등학교부터 대학교까지 내 인생의 2/3를 대구에서 보냈기 때문만은 아니다. 사람들이 고향을 그리는 까닭은 사랑하는 가족, 친구들과 함께 한 아름다운 추억이 깃들어 있기 때문일 것이다. 타향살이에 지치고 힘들 때 고향에서의 행복했던 시절을 잠시 떠올리는 것만큼 큰 힘이 되는 것은 없다. 나 역시 그런 추억의 힘을 대구에서 받아왔다.

이 책은 나의 고향 대구를 다루고 있다. 운이 좋게도 책 한 권이 될 만큼의 이야기가 있는 도시에서 태어났고, 우여곡절 끝에 그 도시를 널리 소개할 기회를 얻었다. 일반적으로 알려져 있는 역사 이야기를 재미있게 풀어 전달해 주는 역사 강사로 오래 활동해 온 나는 이 책을 통해 새로운 역할을 맡고 싶었다. 글로써 대구와 대중을 연결하고 노잼 도시, 보수 도시로 알려진 대구를 누구나 쉽고 재미있게 만나 새로운 매력에 퐁당 빠지게 하는 것이다.

처음에는 고향 대구에 내 경험을 녹여 재미있게 풀어보자는 단순한 생각으로 시작했다. 하지만 내가 알고 경험한 대구는 빙산의 일각에 불과했고 글은 생각보다 쉽게 써지지 않았다. 대구에서 살아왔고 언젠가는 대구로 돌아가 살아갈 사람으로서, 내 고향 대구를 위해 도움 되는 일을 해야 한다는 조바심만 커져 갔다. 글이 막힐 때면 무작정 기차와 자동차를 타고 대구의 부모님 집으로 내려가 짐을 풀고 도시 구석구석을 돌아다니거나 도서관에 틀어박혀 자료, 논문, 책을 찾아보면서 부족함을 채워 나갔다.

대구를 돌아다니면서 내가 몰랐던 이야기들이 너무 많았다는 사실을 알게 되었다. 대구는 오래된 역사만큼 수많은 이야기가 깃들어 있었다. 그 이야기들을 하나하나 끄집어내면서 부모님의 손을 잡고 함께 가던 달성공원, 할머니와 함께 소원을 빌기 위해 올라갔던 팔공산, 설레임이 가득했던 생애 첫 데이트 장소 수성못, 심장이 터져라 응원하던 삼성 라이온즈와 대구FC 등등 내 마음 속 한켠에 있던 추억들도 떠올릴 수 있었다. 그래서 이전에 집필한 그 어떤 책보다도 즐겁고 행복하게 시간 가는 줄 모르고 글을 썼다.

이 책은 유쾌 발랄한 젊은 역사 강사가 쓴 '대구 인문학 여행'이다. 대구를 소개하는 역사문화 해설서이자 여행서로써 처음 보는 이들도 쉽고 재미있게 대구를 알아갈 수 있도록 노력했다. 흔히 여행이라 하면 멋진 경치를 구경하고 맛집을 찾아 특별한 음식을 먹는 것을 떠올린다. 그런데 낯선 공간에서 색다른 시선으로 새로운 이야기를 접할 수 있다면 훨씬 더 매력적인 여행을 만들 수 있을 것이다.

독자 여러분이 부디 이 책을 통해 이전에 느껴보지 못한 새롭고 재미난 대구 여행을 경험할 수 있기를 바란다.

대구 인문 지도

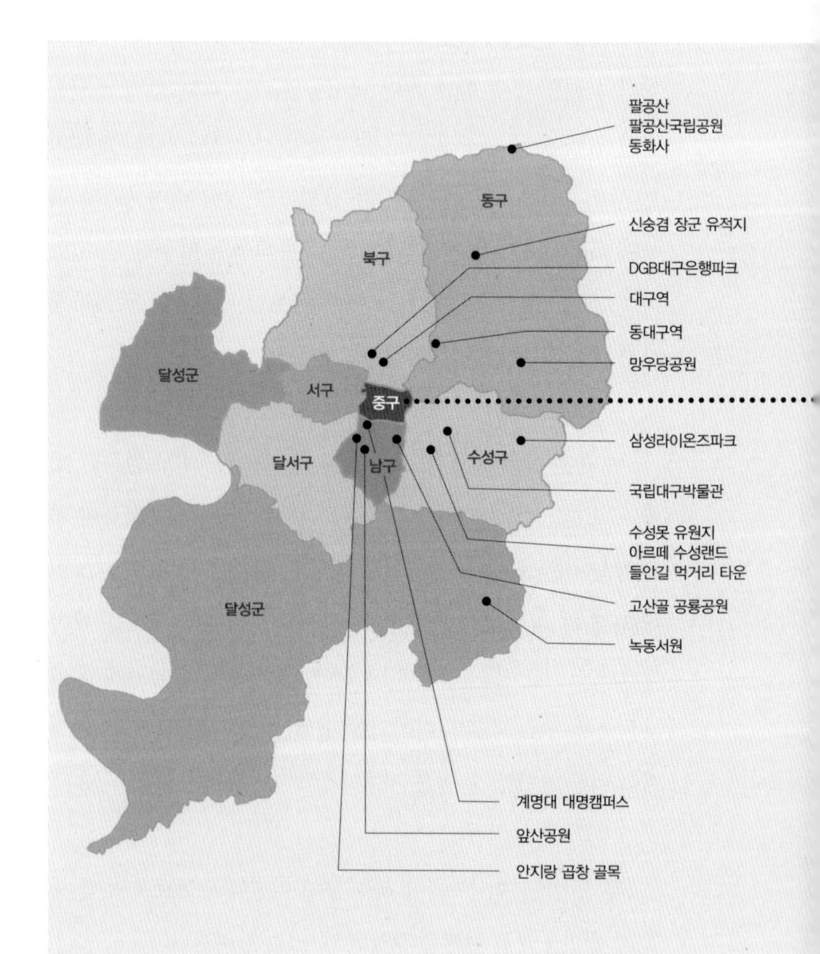

팔공산
팔공산국립공원
동화사
동구
신숭겸 장군 유적지
북구
DGB대구은행파크
대구역
동대구역
망우당공원
달성군
서구
중구
삼성라이온즈파크
달서구
남구
수성구
국립대구박물관
수성못 유원지
아르떼 수성랜드
들안길 먹거리 타운
고산골 공룡공원
달성군
녹동서원
계명대 대명캠퍼스
앞산공원
안지랑 곱창 골목

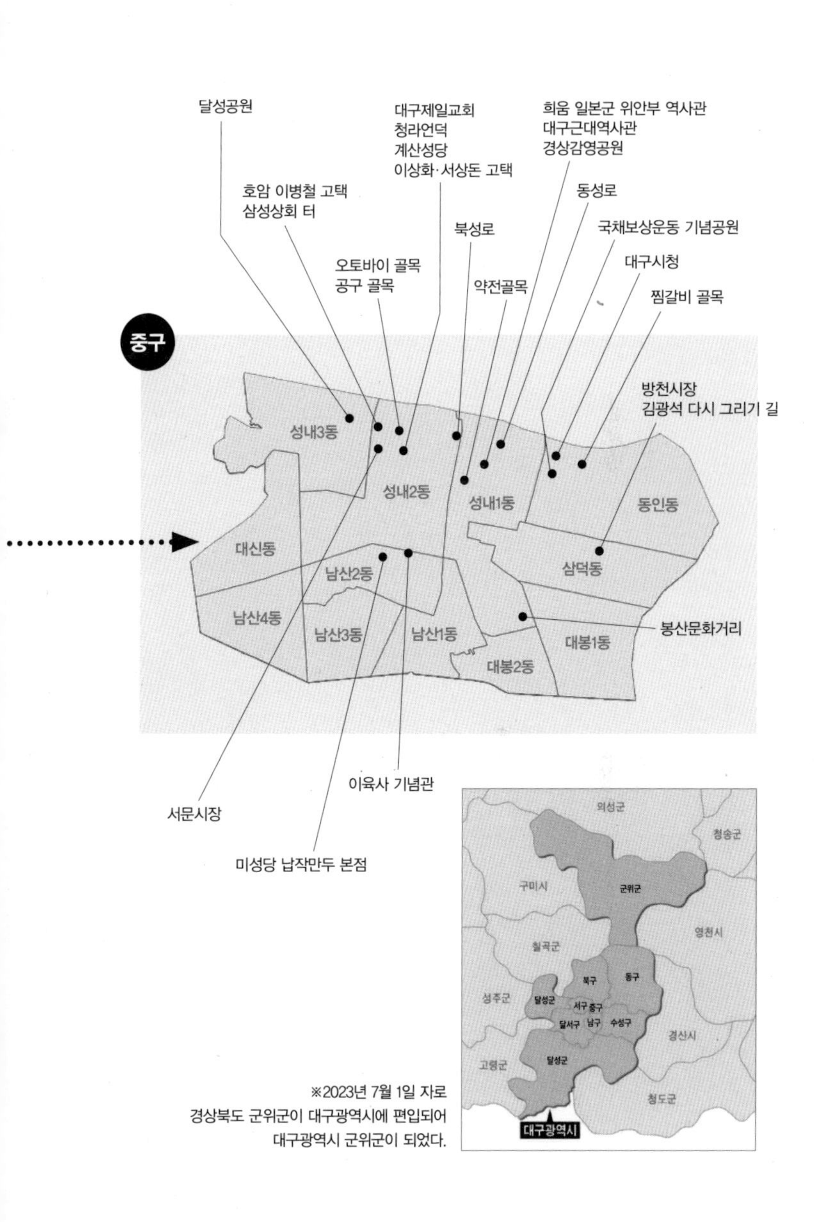

※2023년 7월 1일 자로
경상북도 군위군이 대구광역시에 편입되어
대구광역시 군위군이 되었다.

제1부

대구를 대구답게 만드는 풍경

공기 울림에도 멀리까지 전달되는
대구 사투리

영국 사람이 말하는 영어와 미국 사람이 말하는 영어가 다르다고들 말한다. 또한 같은 미국이라도 동부 뉴욕, 남부 텍사스, 서부 캘리포니아 말투가 조금씩 다르다고 한다. 우리나라도 지역 사투리가 있어 억양이 다르고, 때로는 단어가 달라 알아듣기 어려운 일이 벌어지기도 한다.

대구에서 태어나 자랐다면 당연히 대구에서 언어를 배운다. 어린 시절에는 '사투리'란 개념을 알기가 어렵다. 모두 같은 단어와 억양을 사용하기 때문이다. 하지만 대구를 떠나면 그 말투가 사투리라는 걸 바로 알 수 있다.

매해 첫눈이 내리면, 평생 대구에서 살다가 대한민국 육군 장교로 강원도 철원에 발령을 받아 병사들 앞에서 생애 첫 명령을 내렸을 때가 기억난다. 병사들이 임무 수행을 위해 이동하면서 작은 목소리로 "신임 장교가 무슨 말을 한 거야?" "몰라,

경상도 출신이래. 그냥 알아들은 척 해"라고 말하는 것을 들었다. 강원도 군부대에는 수도권 출신 병사들이 많다 보니 생긴 일이었다. 돌이켜보면 장교 임관 이후 세 달 정도는 대구 사투리로 인해 의사소통에 이런저런 문제가 생겼던 것 같다. 전역 이후 서울에서 직장생활을 시작하자 후배일 때는 선배들이 신기해했고 선배일 때는 후배들이 "경상도 출신이세요?"라면서 말을 걸었다. 그들은 언제나 표준어를 쓰는 사람들이었다.

서울에 산 지 10년이 훌쩍 지나면서 알게 된 점은 서울 사람들은 단순히 억양이 강하고 높낮이에 차이가 있고 말이 빠르면 무조건 경상도 사투리로 안다는 것이었다. 그래서인지 한 온라인 커뮤니티 게시판에 '대구와 부산 사투리 차이점'이라는 제목의 게시물이 화제가 된 적이 있다. 사실 부산 사람과 대구 사람끼리는 서로 몇 마디만 나눠도 어디 출신인지 금방 알아차린다.

대구와 부산 사투리의 가장 큰 차이점은 어디에 악센트를 주고 말하는지다. 대구 사투리는 앞 음절에 악센트를 주는 경우가 많은 반면, 부산은 주로 뒤 음절에 악센트를 주고 말한다. 예를 들면 '방↗탄↘소년단'은 대구 사투리고 '방↘탄↗소년단'은 부산 사투리가 된다.

대구는 부산에 비해 'ㅋ' 발음을 더 많이 사용하기 때문에 억양이 더 강하게 느껴질 때가 많다. 예를 들면 "너 왜 그래?"

를 대구에서는 "니 와카는데", 부산에서는 "니 와그라노"로 말한다. '형님' '형'을 부르는 표현 또한 특이한데 나이 차가 적은 경우 대구에서는 '히야', 부산은 '햄'이라고 한다.

가까이 붙어 있는 부산과 대구가 사투리에서 이렇게 차이 나는 이유가 궁금할 수 있다. 언어학자들에 따르면 분지 지역인 대구는 공기 울림에도 멀리까지 말을 전달할 수 있게 첫 음절부터 강한 악센트가 발달했고, 바다를 끼고 있는 부산은 파도 소리에도 음성이 들리도록 악센트가 발달했다고 한다. 사투리에 지역의 풍광과 관습, 삶의 양태가 녹아 있는 것이다.

대구 사람들은 일상에서 매일 사용하지만 다른 지역 사람들은 처음 듣는 사투리를 몇 개 소개해보고자 한다. "배고프다." → "그카면 저기 가서 뭐 좀 먹을까?" 대구에서는 '그러면' '그렇다면' 대신에 '카면'이라고 한다. "우와, 오늘 엄청 덥다." → "짜달시리 덥지도 않구만 그라노." '그다지' '별로' 대신 '짜달시리'라고 한다. "밥 먹게 밥상 좀 매매 닦아라." → "하도 매매 닦아서 빵꾸나겠다." '매매'는 '구석구석' '꼼꼼하게' '깨끗이'라는 뜻이다.

내가 지금도 자주 쓰는 대구 사투리로는 '매매'와 비슷한 의미로 사용되는 '단디'가 있다. "일을 할 때 단디(매매) 해라." 대구 사람들의 대표 일상어 중 하나인 '단디'는 '단단히' '철저히' 하라는 뜻이다. 대구 사람들이 가장 많이 쓰는 카드 중 하나의 이름도 '단디 카드'이고, 삼성 창업주 고(故) 이병철 회장이 평소 아랫사람들에게 일을 철저히 하라고 지시할 때도 "단디해라" 했다고 한다. 이쯤 되면 대구 출신 장교가 강원도 철원에서 수도권 병사들과의 의사소통에 어려움을 겪었다는 말이 수긍될 것이다.

대구 사투리를 색다른 시각으로 해석하기도 한다. 줄임말을 많이 쓰는 요즘 10대 어법의 원조가 대구 사투리라는 주장이다. 대구 사투리의 특징 중 음절이 긴 말을 짧게 줄이는 발음 습관이 있는데 요즘 젊은이들의 언어 습관과 통하는 요소라는 것이다.

학생들이 많이 쓰는 단어인 '쌤'의 발상지도 대구라는 주장이 있다. '선생님'의 첫 음절 '선'에서 ㅅ을 따고 '생'의 모음 ㅐ, '님'의 받침 ㅁ을 합친 단어로, 대구 사람들이 '쌤예~(선생님~)'라고 쓰던 말이 다른 지역 학생들 사이로 퍼졌다는 것이다. 이처럼 대구 사투리에 축약어 사용 빈도가 높은 이유를 간결하게 요점만 말하는 과묵한 언어 행실을 미덕으로 삼던 유교 전통에서 나온 것으로 보기도 한다.

우리나라는 1933년 조선어학회에서 '한글 맞춤법 통일안'을 제정하면서 '현재 중류사회에서 쓰는 서울말'을 표준어 기준으로 삼았다. 1989년부터는 '교양 있는 사람들이 두루 쓰는 현대 서울말'로 기준을 바꿨다. 90년간 계속해서 '표준어는 국어, 표준어는 서울말'이라는 서울말 중심 정책이 이어지고 있다. 지역의 언어를 소홀히 다룬 결과 각 지역 사투리는 표준어에 비해 열등하고 세련되지 못한 말이라는 인식이 생기면서 젊은이들은 멀리하고 나이든 사람만 사용하는 '낡은 말'이 되어 버렸다.

'한글 맞춤법 통일안'이라는 기준을 정해 모든 대한민국 사람이 똑같은 억양을 지니는 게 바람직한 모습일까? 사투리는 그 지역 사람들이 살아온 자취와 흔적이자 지역민의 언어 권리다. 비약일 수도 있겠지만 사투리가 사라지면 문화가 사라지

조선어학회의 한글 맞춤법 통일안.

고, 문화가 사라지면 미래도 사라질 것이다. 대구 지역의 정신이자 아름다운 정서라고 할 수 있는 대구 사투리가 앞으로도 생명력을 잃지 않고 오랫동안 유지되며 사랑받기를 바란다.

진짜 아프리카만큼 더울까?
대프리카의 불더위

'대프리카'는 매년 여름 등장하는 대구의 별칭이다. 대륙 한가운데로 적도가 지나 무더운 열대 기후가 나타나는 아프리카와 우리나라에서 여름철 기온이 가장 높은 대구의 합성어가 '대프리카'다. 한마디로 대구가 아프리카만큼 덥다는 말이다.

그래서인지 대구 사람들은 약간의 더위 부심이 있다. 서울이 유달리 더울 때 "동진아, 넌 대구 사람이라서 하나도 안 덥겠네?"라고 많이들 묻곤 한다. 당연히 나는 "대구 더위에 비하면 이건 시원한 편이지"라고 답한다. 사실 속으로는 '덥다'를 수십 번 외칠 때가 대부분이다. 대구 사람들은 홍길동이 아버지를 아버지라 부르지 못한 것처럼 타 지역에서 더워도 덥다고 말하지 못한 경험이 한 번쯤은 있을 것이다.

대구 사람들의 더위 부심에 크게 일조한 '대프리카'라는 신조어의 탄생은 우연이 아니다. 대구는 1942년 8월 1일 전국 최초로 여름철 온도 40도를 기록했다. 이후에도 더위로 명성을 떨치다 1994년 7월 39.4도로 해방 이후 또다시 최고 기온을 갱신했다. 1981년부터 2010년까지의 7월 평균 최고 기온을 살펴보아도 대구는 30.3도로 전국에서 가장 높았다.

그렇다면 실제로 '대프리카'는 아프리카만큼 더울까? 답은 '맞을 수도, 아닐 수도 있다'이다. 아프리카는 전 세계 육지 면적의 20퍼센트에 달하는 대륙이다. 적도 부근 더운 지역이 있는 반면에 극지방에 가까운 지역도 있다. 때문에 지역마다 기후가 다양하다.

2018년 7월 17일 대구의 최고 기온이 36.1도였다. 같은 날 적도와 가까운 아프리카 서부 지역의 세네갈 다카르와 나이지리아 아부자는 29도, 적도 바로 아래인 콩고민주공화국 킨샤사는 27도였다. 고원이 있어 서아프리카보다 시원한 동아프리카는 소말리아의 수도 모가디슈가 26도, 케냐의 나이로비는 23도에 불과했다. 한낮 최고 기온만 보면 대구가 아프리카의 도시들보다 훨씬 덥다. 북아프리카는 이집트 카이로가 35도, 모로코 마라케시 35도, 니제르 아가데즈 38도로 대구와 비슷하다.

대한민국에서 가장 남쪽에 있는 지역은 제주도다. 그러면 아프리카도 아프리카지만 제주도보다 북쪽에 있는 대구가 어떻게 가장 무더운 지역의 대명사가 되었을까? 대구를 무덥게 만드는 건 다름 아닌 분지라는 지형이다. 서울·대전·충주·안동·경주 등도 분지에 있지만 대구처럼 덥지 않다. 영남 지역은 서쪽의 소백산맥과 동쪽의 태백산맥으로 둘러싸인 하나의 큰 분지로, 이 거대한 영남 분지 안에 다양한 규모의 분지들이 있고 그 안에 대구·안동·상주·밀양 등의 도시가 있다.

영남 분지는 소백산맥과 태백산맥이 서해와 동해에서 불어오는 바람을 막아 바다의 영향을 적게 받는다. 육지는 강한 태양열을 받으면 바다에 비해 쉽게 뜨거워지고, 태양열이 줄어들면 쉽게 식는다. 바다보다 육지의 영향을 많이 받는 지역은 여름에 무덥고 겨울에는 바닷가보다 추운 대륙성 기후를 보인다. 영남 분지는 전형적인 대륙성 기후이다.

게다가 대구는 분지 안의 분지라는 독특한 지형을 갖고 있다. 크게는 태백산맥과 소백산맥이 동쪽과 서쪽을, 작게는 해발 1000미터가 넘는 팔공산과 비슬산이 북쪽과 남쪽을 가로막고 서 있다. 이 산들이 대구 지역에서 발생하는 뜨거운 공기가 지역 밖으로 배출되는 것을 막기 때문에 계속 뜨거운 상태가 유지된다.

여러 겹의 산을 넘는 동안 바람은 건조한 열풍으로 변화하는 푄 현상을 반복한다. 여름에 대구로 향하는 남서풍은 산맥과 산을 만나는 과정에서 비를 뿌리고, 산을 넘은 직후에는 건조하고 더운 바람이 된다. 이렇게 대구로 들어온 바람은 나가지 못한 채 도심 온도를 끌어올린다. 다른 대도시들처럼 콘크리트와 아스팔트 또한 무더위에 기름을 붓는다.

하지만 대구 사람들이 더위 부심을 버려야 할 날이 얼마 남지 않은 듯하다. 대구광역시는 도시 안의 기온을 낮추기 위해 1996년부터 '푸른 대구 가꾸기' 사업으로 나무를 심기 시작했다. 2006년까지 1차 사업 기간에 1100만 그루, 2007~2011년의 2차 사업 기간에 1200만 그루 등 총 2300만 그루의 나무를 심었다. 옥상녹화, 담쟁이 벽면녹화, 쌈지공원 개설, 도심 폐철도 공원화, 도심 수경 시설 설치도 추진했다.

최근 들어 조금씩 변화가 생기기 시작했다. 2015년 기준 대구의 여름철 한낮 최고 기온은 예년에 비해 1.2도 낮아졌다. 2018년 기록적인 폭염이 지속될 때는 서울과 충북 청주·충주,

2018년 대구 현대백화점 앞 공터에 설치된, 대구 무더위를 상징하는 조형물.

강원도 홍천, 인근 의령 등지보다도 온도가 낮았다. 인공 사막에 푸른 옷을 입히는 노력이 20년 만에 결실을 거두고 있다.

언젠가는 대구가 '대프리카'라는 별명을 잃어버리는 시기가 올 것이다. 하지만 대구 사람들의 화끈하고 직설적이며 끈기 있는 기질은 더운 날씨에서 비롯된 것임을 잊지 말아야 한다. 여름의 혹독한 더위와 겨울의 추위를 이겨낸 자랑스러운 결과이기 때문이다.

대구의 혼과 정신을 품은
팔공산국립공원

우리나라는 산지가 전 국토의 70퍼센트를 차지하는 산악국가다. 그래서 예로부터 지역별로 개성과 특색을 자랑하는 산이 많다. 대구에는 '아버지의 산'으로 인식되는 팔공산이 있다. 대구 사람들에게 팔공산은 그냥 산이 아니다. 정신적 가치가 엄청나다. 당장 대구광역시의 심벌마크에 팔공산이 있고, 대구의 많은 학교 교가에 '드높이 솟은 팔공산' '팔공산 정기 어린' 같이 팔공산을 표현한 내용이 많다.

팔공산은 해발 1193미터 높이로, 대구광역시 동구와 북구 그리고 경상북도 영천시·경산시·칠곡군 등 6개의 시·군·구에 걸쳐 자리잡고 있다. 화산 분출로 형성된 대구의 다른 산과 달리 화강암이 치솟아 올라 만들어져 인간의 솜씨로 보기 어려운 기암괴석이 많다. 직접 보면 '신의 작품'이라는 생각이 절로 든다.

여러 시·군·구에 걸쳐 있다 보니 지명 유래에 대해서도 여러 이야기가 전해진다. 옛날에는 곰뫼, 곰산, 꿩산 등으로 불렸다고 한다. 이후《삼국사기》와《삼국유사》등의 문헌에는 공산(公山)으로 나온다. 우리 민족의 토템이 곰이었기에 '곰산'이 변해 공산이 되었다는 설과, 꿩이 많아 '꿩산'인데 한자로 표기하려다 보니 '공산'이 되었다는 설이 있다.

팔공산은 신라 시대에는 부악(父岳)·중악(中岳)·공산(公山) 등으로 불린다. 신라인들은 나라를 지키는 호국신들이 사는 산을 오악(五岳)이라 부르며 신격화하고 제사를 지냈다. 동쪽에 있는 토함산은 동악, 서쪽의 계룡산은 서악, 남쪽의 지리산은 남악, 북쪽의 태백산은 북악 그리고 중앙에 있는 팔공산은 '중악'이었다.

조선 시대에 와서 지금의 팔공산이라는 이름을 얻게 된다. 공산이 팔공산이 된 이유는 신라 승려 원효의 여덟 제자가 팔공산에서 득도함에 유래했다는 설, 고려 태조 왕건이 후백제 견훤과 공산 전투에서 신숭겸, 김락 등 여덟 장수를 잃은 데서 유래되었다는 설, 큰 봉우리 여덟 개가 있어 팔공산이 되었다는 설, 조선 시대에 대구·영천·경산·하양·칠곡·인동·신녕·의흥 등 여덟 고을에 걸쳐 있어 팔공산이라 불렸다는 설이 있다.

팔공산은 신라의 불교 공인 이후 자연스럽게 불교의 성지로 자리매김하게 된다. 그래서인지 너른 산자락에는 그 명성만큼 유서 깊은 사찰이 수없이 많다. 심지어 최고봉인 비로봉을 좌우에서 옹립하고 있는 동봉과 서봉은 팔공산 자체가 삼존불(三尊佛)을 형상화한 것처럼 보이게 한다.

팔공산 사찰 중 으뜸은 동화사다. 삼국 시대 493년 신라 소지왕 때 극달 화상이 유가사란 이름으로 처음 창건했다. 이후 832년 신라 흥덕왕 때 헌덕왕의 셋째 아들인 심지가 중창했는데 당시 한겨울인데도 사찰 주변에 오동나무 꽃이 만발해 '오동나무 동(桐)'을 써서 동화사로 이름을 바꾸게 된다. 당시의 이야기를 증언하듯 칠성각과 서별당 사이에는 심지의 이름을 받은 오동나무가 꿋꿋이 서 있다.

동화사는 여러 차례의 중창과 중건을 거쳐 현재는 대한불교조계종 제9교구 본사이자 대구·경북 일대 130여 개 사찰을 관할하는 영남 불교의 중심 사찰이 되었다. 경내에 현존하는 대웅전과 극락전을 비롯해 20여 채의 건물 대부분은 조선 후기 영조 때 세워진 것이다. 보물로 지정된 당간지주, 금당암 3층 석탑, 비로암 3층 석탑, 비로암석조비로자나불좌상, 동화사마애여래불상 등 많은 문화재가 남아 있다.

동화사에 가면 꼭 봐야 하는 불교 유물이 있다. 아치형 해탈교를 건너 108번뇌 계단을 오르면 만날 수 있는 높이 33미터, 둘레 16미터의 거대한 통일약사여래대불이다. 세계 최대 규모 석조 약사여래불로, 중생의 질병을 치료하고 재앙에서 구원해 주는 부처다. 1992년 2년간의 불사로 완공된 이 불상은 3000톤에 달하는 원석을 8등분해 108명의 석공이 7개월간 다듬어 완성하고, 그것을 전라북도 익산시부터 대구 동화사까지 운반해 조성했다. 1000만 이산가족의 아픔을 치유하고 통일을 기원하는 마음을 담았다고 한다.

팔공산에는 동화사 이외에도 천년을 넘긴 고찰이 여럿 있다. 팔공산 동쪽 자락의 은해사는 국보로 지정된 영산전, 보물로 지정된 괘불 탱화, 대웅전 아미타삼존불 등 많은 문화재를 보유하고 있다. 팔공산 서쪽에 있는 파계사는 불교가 탄압받던 조선 시대에 선조, 숙종, 영조의 위패와 숙종, 영조, 정조의 어필을 봉안하는 왕실의 원당 역할을 했다. 파계사 원통전의 관세음보살을 금칠하다가 영조가 실제 착용하던 어의가 발견되기도 했다. 팔공산 남쪽에 있는 부인사는 역사 교과서에 나오는 절이다. 고려 초기 거란의 침입을 물리치는 과정에서 처음 만든 대장경인 초조대장경을 보관했기 때문이다. 초조대장경은 고려 후기 몽골의 침략 때 소실된다.

하지만 무엇보다 팔공산을 유명하게 만든 것은 유서 깊은 사찰들이 아니라 5.48미터 높이의 '갓바위'다. 갓바위라고 해서 전국에서 흔히 볼 수 있는 그런 바위를 떠올리면 큰일 난다. 팔공산의 갓바위는 '팔공산 관봉 석조여래좌상'이라는 본명을 가진 석불이다. 실제로 갓바위 부처를 만나면 산꼭대기에서 드넓은 하늘을 이고 아래를 내려다보는 형상이라 위엄이 넘친다. 둥글고 풍만한 체구에 입술을 굳게 다물고 있어 자비롭다기보다는 근엄해 보인다. 이렇게 존귀하신 부처에게 갓바위라는 애칭을 붙인 것을 보면 예나 지금이나 대구 사람들의 시원시원하고 직선적인 성정은 변함이 없는 것 같다.

'갓바위'라는 애칭은 불상 머리 윗부분에 갓 모양의 모자(판석)가 얹혀 있는 것과 관련이 있다. 갓바위는 통일신라 시대에 관봉 꼭대기의 자연석을 다듬어 만들어졌다. 오른손은 무릎 위에 올려놓은 채 두 번째 손가락으로 땅을 가리키고, 왼손은 조그만 약 항아리를 들고 있다. 통일약사여래대불처럼 약사여래불을 표현한 것으로 추정된다. 그래서 자신이나 가족의 건강

동화사의 통일약사여래대불.

회복을 기원하는 참배객이 많이 찾는다.

이 갓바위로 인해 팔공산은 1년에 적어도 한 번은 매스컴을 타는 '스타 마운틴'이 되었다. 대구 사람들은 '한 가지 소원은 꼭 들어준다'는 갓바위의 명성을 믿고 불교를 믿든 안 믿든 간절한 소원이 생기면 갓바위에서 정성을 다해 기도한다. 특히 머리의 갓이 학사모를 닮아 매년 입시철에는 자녀의 합격을 빌며 절하는 학부모들로 정상부는 발 디딜 공간조차 없어진다. 이때의 모습이 신문과 방송에 실리기 때문에 타지 사람들도 그 명성을 알게 된 것이다. 나의 어머니도 나와 동생이 대학수학능력시험에서 제대로 실력을 발휘하기를 바라며 기도를 올린 적이 있다.

팔공산 정상에서 기도하는 학부모들.

오늘날 갓바위는 연간 250만 명 이상이 찾는다. 연간 650만~750만 명이 찾는 북한산, 650만 명이 찾는 미국의 그랜드캐넌에 비하면 절대 수는 적지만 330제곱미터(100평) 남짓인 규모를 감안하면 단위면적 당 탐방객은 세계적으로 손꼽힌다.

대구 사람들은 도시 생활에 지쳐 답답한 느낌이 들거나 새로운 기운을 얻고 싶을 때 팔공산으로 여행을 떠난다. 산에는 10개가 넘는 등산 코스가 있어 1시간 정도의 길부터 8시간이 넘는 길까지 체력에 맞춰 골라 즐길 수 있다. 등산보다 가볍게 걷고 싶다면 올레길을 가면 된다. 팔공산의 8자를 딴 8개 코스와 팔공산 자락을 하나의 선으로 연결해 걸을 수 있도록 한 4개의 연결코스까지 총 12개의 걷기 코스가 있다. 걷지 않고 조망만 즐기고 싶다면 동화사 입구에서 820미터 산중턱까지 연결되는 케이블카를 타면 된다.

팔공산에는 최근 경사가 있었다. 1980년 5월 도립공원으로 지정된 이후 43년 만인 2023년에 국립공원으로 승격되어 우리나라 23번째 국립공원이 된 것이다. 팔공산국립공원 지정 타당성 조사에 따르면 야생생물 서식 현황 8위, 자연경관 자원 7위, 문화자원 2위였다. 국립공원 중 가장 많은 문화재를 보유한 북한산 국립공원에 이어 두 번째로 문화재가 많았다.

국립공원 승격으로 팔공산의 자연·문화·역사 자원을 더욱 체계적으로 보전하고 관람객에게 수준 높은 서비스를 제공할 수 있게 되었다. 경제적 가치 또한 도립공원일 때보다 두 배 가까이 상승한 5233억 원으로 추산되었다. 나만 알던 팔공산이 만인의 팔공산이 되는 것 같아 시원섭섭하지만 더 많은 사람들이 팔공산의 매력을 느낄 수 있으면 좋겠다.

도심 속 시민 힐링 공간
달성공원

대구에서 가장 오래된 공원은 중구 달성동에 있는 달성공원이다. 대구의 랜드마크 역할을 하며 시민들의 사랑을 받아온 이곳은 최근 대구 서구 비산동 출신인 방탄소년단(BTS) 멤버 뷔가 어린 시절 달성공원에서 찍은 사진과 같은 장소에서 같은 자세로 사진을 찍어 본인 SNS에 공개하면서 팬들의 성지순례 장소가 되기도 했다.

달성공원의 달성은 대구의 옛 이름에서 유래되었다고 추측한다. 대구의 옛 이름은 '달구벌(達句伐)' '달구화(達句火)'였다. 달구벌은 큰 언덕, 넓은 평야, 넓은 촌락을 뜻하는 말로 달불, 달벌, 달성으로 불리기도 했다. 757년 신라 경덕왕 때 지명이 '대구(大丘)'로 바뀌었다가 1879년경에 '대구(大邱)'로 바뀌어 오늘날까지 이어지고 있다. 그래서 달성은 달구벌 또는 달구화에서 유래한 이름으로 추측된다.

달성공원을 '달성토성'으로 부르기도 하는데, 공원을 둘러싼 성곽인 달성이 돌이 아닌 흙으로 만들어졌기 때문이다. 평지의 낮은 구릉을 이용해 쌓은 둘레 1300미터, 높이 4미터 규모의 달성은 현재 우리나라에 남아 있는 대표적인 토성 중 하나로 손꼽힌다.

달성에 대한 최초의 기록은 김부식의 《삼국사기》 제2권 '신라본기', 첨해왕 15년(261)에서 확인할 수 있다.

봄 2월에 달벌성(達伐城)을 쌓고 나마 극종을 성주에 임명하였다.

위의 기록은 신라 초기 제12대 왕인 첨해왕 때 달벌성을 쌓고 나마 벼슬의 극종을 성주로 삼았다는 것이다. 그런데 성벽의 아랫부분에서 청동기 시대와 초기 철기 시대의 각종 유물이 발견된 것으로 보아, 위의 기록보다 더 앞선 시기에 이 지역의 세력이 초기 국가 단계로 발전하면서 토성을 쌓은 것으로 추정한다. 그렇다면 신라의 축성은 처음 쌓은 것이 아닌 고쳐지은 것으로 볼 수 있다.

달성은 삼국 시대뿐만 아니라 고려 시대까지 관아지로 사용되었다. 임진왜란 때는 짧은 기간이지만 관찰사가 업무를 보는 관청인 경상감영으로 이용된 적도 있다. 1736년 조선 후기 영조 때 대구읍성을 새로 쌓기 전까지 읍성의 역할을 다했다.

달성은 삼국 시대 이후 오랫동안 이 지역의 토착 호족이었던 달성 서씨가 모여 살던 곳이다. 조선 초기 세종은 일본의 침략에 대비하기 위해 달성에 성을 쌓고자 했다. 이에 조선 정부는 달성 서씨 서침에게 대구 남산동의 땅과 함께 자손 대대로 녹을 주면서 달성과 바꾸려고 했다. 그러자 서침은 그냥 땅을 내놓으면서 대구 백성들이 흉년으로 인해 국가로부터 빌린 환곡의 이자를 감해줄 것을 청원했다. 서침의 청원은 받아들여졌고, 대구 백성 모두가 혜택을 받게 된다.

달성은 대국제국 시기 고종 때인 1905년 지금처럼 공원으로 조성된다. 이때부터 따지면 달성공원은 100년이 넘는 역사를 갖는 셈이다. 일제 강점기를 지나 광복 및 6·25 전쟁도 끝난 후 박정희 정부 때인 1969년 8월 1일 달성공원이라는 이름으로 개장한다. 이어 1년도 지나지 않아 공원의 핵심 시설로 동물원이 만들어진다. 1970년 5월 2일 대구 유일의 동물원이 개장하면서 달성공원은 대구 사람들이 가장 많이 찾는 휴식처이자 대구의 랜드마크로 자리잡게 된다.

동물원은 사시사철 사람들로 붐볐다. 1973년 6월 18일 한 언론사에서 하루 전날인 6월 17일 일요일 전국 주요 명소 방문객 수를 집계해 보도한 적이 있다. 그 결과는 서울 뚝섬이 15만7000여 명으로 가장 많았고 경기도 안양유원지 8만2700여 명에 이어 달성공원이 6만8900여 명으로 3위였다. 달성공원은 유동인구가 많은 곳이라 선거 때면 후보들이 유세 장소로 꼭 찾았고, 인파가 몰리니 점을 봐주는 '사주 거리'도 형성되었다.

오늘날 달성공원 동물원에는 9414제곱미터 면적에 포유류 21종 97마리, 조류 53종 250마리 등 모두 74종 347마리가 살고 있다. 과거에 비해 동물 수가 많이 줄었지만 사슴, 공작, 침팬지, 늑대, 곰, 물개, 호랑이, 코끼리, 원숭이, 사자, 타조, 앵무새 등이 가족 단위 나들이객들의 발길을 모으고 있다. 하지만 노후화에 따른 주차난, 교통체증, 인근 민원, 동물 복지 등 많은 문제가 나타나면서 인기가 예전 같지는 않다.

대구 달성공원의 관람 인파 (1971년).

오늘날의 대구 달성공원 입구.

대구 원조 핫플레이스이자 대구 사람들에게 많은 추억을 선사한 달성공원 동물원은 큰 변화를 시도하고 있다. 동물원이 문화재인 달성 안에 무리하게 지어진 탓에 개보수하려면 문화재청의 허가를 받아야 한다. 그래서 50여 년 동안 제대로 보수 한 번 하지 못했다. 대구시는 동물원의 개선이 불가능한 상황이 되자 이전을 추진하고 있다. 현재 달성토성 전체가 매장 문화재 지역인 데다 동물원과 기념비, 문화재 등이 모여 있어 전반적인 사업 추진에 난항을 겪고 있지만, 동물원이 이전되면 달성토성 복원사업도 본격적으로 진행될 예정이다.

달성공원에는 동물원 이외에도 경상감영 정문 관풍루, 대구의 역사와 생활문화를 주제별로 전시한 향토역사관과 저항시인 이상화 시비, 어린이헌장비, 달성 서씨 유허비, 구한말 의병대장 허위 순국기념비, 독립운동가 이상룡 구국기념비, 팔능거사 석재 서병오 예술비, 사군자의 대가 서동균 예술비 등이 있다.

'대구 사람이면 일생에 세 번(자신과 아들, 손자가 유치원 다닐 때)은 달성공원에 간다'는 말이 있다. 달성공원은 그만큼 시민들의 사랑을 받는 공간이다. 오래도록 시민 곁에 머물며 일상을 함께 나누었고 앞으로도 대구 사람들의 삶에 함께할 것이다.

없는 것도 파는 곳
서문시장 100년사

조선 시대에 평양장, 강경장 그리고 대구의 서문시장은 전국 3대 장터였다. 서문시장은 처음부터 전국적인 장터는 아니었다. 원래는 대구읍성 북문 밖에 자리잡은 소규모의 장으로 대구장 또는 읍장이라 불렸다. 대구는 임진왜란 이후 경상도를 관할하는 경상감영이 들어서면서 영남 지역의 정치·경제·문화·행정의 중심지가 되었고 자연스럽게 시장들이 발달했다. 이때 대구장은 경상감영이 있던 서문 밖으로 이전했고, 서문 밖에 있는 시장이라는 의미로 서문시장이라 불리게 된다.

대구에 경상감영이 설치된 이후 각급 관리들과 일반 백성들이 빈번하게 드나들자 서문시장은 이들에게 필요한 물자가 모이는 장소가 되었다. 교통상으로는 서울과 부산을 잇는 국도와 접하고, 북으로는 안동·의성·김천·상주로 통하고, 남으로는 현풍·고령에 연결되며, 서로는 성주로 가는 길목에 위치해 농민과 상인이 몰려들었다. 멀리 떨어진 서울·평양·의주·원주·충주·공주·전주·광주 지방의 대상인들도 찾아왔다. 시장의 규모와 거래액이 커지자 '큰장' 또는 '대구 큰장'으로 불리며 200여 년 동안 크게 성장한다.

서문시장은 대구 항일 운동의 중심지가 되기도 했다. 일제강점기 직전인 1907년, 대국제국에 대한 일본의 경제적 예속이 심해진다. 그러자 대구에서 서상돈 등이 주도해 국민 성금으로 국채를 갚자는 국채보상운동을 일으켰다. 이때 대구에 조직된 '금연상채회'는 대구 사람을 대상으로 국채 보상을 선전하고 의연금을 모으기 위해 서문시장 한가운데 북후정에서 군민대회를 개최했다. 군민대회는 남녀노소, 걸인과 백정을 가리지 않고 다양한 신분과 직업을 가진 사람들의 의연금 모금을 이끌어냈다.

1910년대 대구 서문시장 전경.

경상도 지역에서 최초로 3·1 운동이 일어난 곳도 서문시장이다. 1919년 3월 8일 대구의 민족운동 지도자들은 사람이 많이 모이는 서문시장의 장날에 맞춰 만세 운동을 일으켰다. 이들은 서문시장 한복판에 쌀가마니를 쌓아 만든 임시 강단 위에서 독립선언서를 낭독했다. 그러자 1000여 명에 가까운 군중들이 힘차게 '대한독립만세'를 삼창했다. 군중들은 시위대를 형성해 서문시장을 가로질러 대구경찰서, 일본헌병대, 조선식산은행 등 식민지 수탈 기구가 몰려 있는 경북도청 쪽으로 행진했다. 서문시장에서 시작된 만세 운동은 대구 각지로 퍼졌고 구미와 김천, 경산과 경주 등 경상도 지역의 3·1 운동에 직접적인 영향을 끼쳤다.

1923년에는 일제에 의해 강제로 현재 자리인 대구 중구 대신동으로 이전하면서 최대 위기를 맞이한다. 일제는 장터가 협소해 넓은 터로 옮긴다는 명분을 내세웠지만 실제로는 만세 운동의 성지로 여겨지는 서문시장을 그대로 놔두는 것을 용납할 수 없었던 것이다. 그래서 늪지대였던 성황당 못을 메워 5개 지구를 조성하고 전체 면적 4554평으로 시장을 새롭게 개설하게 했다.

자리를 옮긴 후 일제의 의도대로 시장의 기세는 한풀 꺾인다. 이전한 첫 해의 거래총액은 과거 자리에서 얻었던 거래총액의 절반에도 미치지 못했다. 하지만 전통은 하루아침에 만들어지지도 않지만 하루아침에 무너지지도 않았다. 상인들은 서문시장번영회를 조직하고 질서, 청렴, 봉사, 세 가지 목표를 세워 실행에 옮겼다. 이러한 노력으로 불과 5년 사이에 과거 화려했던 명성을 되찾는다.

서문시장은 광복과 6·25 전쟁 이후 빠르게 성장한다. 전쟁 기간 중 대구로 몰려든 피란민들은 당장 입에 풀칠하기 위해 서문시장에서 생업을 찾았고, 파는 사람과 사는 사람이 모여들자 시장은 늘 북적였다. 일제가 건립했던 섬유 공장은 별다른 피해를 입지 않았고, 전쟁의 폐허를 극복하기 위해 정부는 대구의 섬유 시설을 기반으로 산업을 육성한다. 1950년대 서문시장은 포목과 주단 등 다양한 섬유 제품을 거래하는 전국 최대의 원단 도·소매시장으로 재탄생했다. 1960년대에는 대구가 섬유 공업 도시로 크게 성장하면서 시장도 덩달아 호황을 누렸다. 하지만 1970년대 들어 경부고속도로가 개통되고 호남고속도로가 뚫리면서 서울과 부산 위주로 전국 유통체계가 바뀌자 상권이 크게 위축된다.

여기에 더해 서문시장을 진짜 힘들게 만든 악연은 따로 있었다. 주기적으로 발생하는 '불', 즉 화재였다. 서문시장은 광복 이후 70년이 넘는 세월 동안 여러 차례 화재가 발생했다. 노후된 건물이 밀집한 데다 점포 간 간격이 가까워 불이 나면 옮겨 붙기가 쉬웠다. 주요 판매 물품인 섬유 제품은 불쏘시개 역할을 할 뿐만 아니라 대량으로 적재되어 불이 급속히 진행되었다. 1950~1970년대에 기록된 화재만 13건에 이른다. 1975년 11월 담뱃불에서 시작된 불길은 무려 1900여 점포를 잿더미로 만들었다. 이 화재로 대구 경제는 휘청거렸고, 부도가 급증하는 경제공황 상태까지 벌어졌다. 잇따른 화재에 대구시와 상인들은 시장 안에 소방파출소를 만드는 등 적극적인 대처를 했고 1980~1990년대에는 큰불이 없었다.

그러나 2000년대 들어서도 '불'과의 질기디질긴 인연을 끊지 못한다. 2005년 12월 전기 합선에 의한 화재로 2지구의 지하 1층, 지상 1, 2, 3층이 전소되었다. 1000여 명의 상인들이 점포를 잃었고 683억 원의 재산 피해를 입었다. 2016년 11월

2016년 서문시장 4지구의 화재 현장.

에는 원인불명의 화재로 4지구의 의류, 원단, 전통의상 등을 취급하는 점포 679여 개가 전소되어 469억 원의 재산 피해가 났다. 화재는 모든 것을 폐허로 만들었지만 상인들은 아무 일도 없었던 것처럼 다시 일어나 새로 건물을 짓고 서로 도우며 어려움을 극복해 나갔다.

상인들에게 치열한 경쟁의 시간 속에서 상호 견제와 균형을 통해 형성된 공간은 변화를 쉽게 허용할 수 없는 부분이다. 그런데 화재는 강제로 공간을 재편했고 시장을 현대화하는 계기가 되었다. 2005년 큰불로 1000여 개 점포가 사라진 2지구는 7년 후 첨단 방재 시설과 주차장, 에스컬레이터 등 각종 편의시설을 두루 갖춘 상가로 다시 태어나 현대식 시장의 상징이 된다. 2012년 재개장한 2지구는 재건축을 통한 시설 현대화와 2015년 대구도시철도 3호선 서문시장역 개통으로 젊은이들의 유입을 주도하면서 서문시장에서 가장 많은 인파를 모으게 된다. 2016년 화재로 679개 점포가 타버린 4지구는 현재 대체상가 베네시움에서 영업하면서 2026년 완공을 목표로 재건축에 총력을 기울이고 있다. 4지구도 2지구처럼 현대적 전통시장의 모델을 만들어낼 것으로 기대되고 있다.

오늘날 서문시장은 변함없이 대구 최대의 재래시장이자 전통시장이다. 1지구, 2지구, 5지구, 건해산물상가, 아진상가, 명품프라자, 3지구 상인들이 화재로 옮겨간 동산상가, 화재가 발생한 4지구의 대체상가 베네시움 등으로 구성되어 총 4000여 개 점포에서 2만여 명의 상인들이 장사를 하고 있다. 1지구, 2지구, 4지구, 건해산물상가는 1922년부터 지금까지 이어진 오랜 역사를 간직한 곳이다.

서문시장의 모든 지구와 상가의 가게를 다 둘러보려면 하루가 부족하다. 각 지구 상가는 그 자체로 하나의 시장을 이룰 만큼 크고 복잡하기 때문이다. 약초 골목, 양곡 골목, 부자재 골목, 건해산물상가 같은 전문상가에서부터 국수 골목, 보리밥 골목 같은 먹거리 골목 그리고 최근의 야시장까지, 큰 지구는 물론 작은 골목골목까지 각기 다른 매력으로 사람들을 사로잡고 있다. 서문시장은 없는 게 없는 정도가 아니라 없는 것도 파는 곳이다.

2023년 4월 1일, 대구의 역사와 대구 사람들의 삶과 희로애락을 품은 서문시장은 이전 100주년을 맞이했다. 대구 사람들은 명절이 되면 제수를 장만하러, 결혼식에 입을 한복을 사러, 가성비 좋은 아기 옷을 사러, 연인들이 데이트하다 칼국수를 먹으러 등 여러 이유로 서문시장을 찾는다.

서문시장은 앞으로 또 다른 100번째 봄을 맞이할 것이다. 그 미래를 위한 노력들이 조금씩 빛을 발하고 있다. 다양한 지역의 관광객들이 찾으면서 문화체육관광부와 한국관광공사가 공동 선정하는 '한국관광 100선' '야간관광 100선' '2017년 한국관광의 별' 등에 매년 선정되고 있다. 서문야시장을 배경으로 방송, 유튜브 등에서 다양한 콘텐츠들이 나오면서 젊은층 사이에서도 인지도가 높아지고 있다. 전국적 지명도가 높아짐과 동시에 대구를 방문하면 꼭 한 번 방문하고 싶은 곳이 되고 있다.

지금보다 더 큰 도약을 준비하는 100살이 넘은 서문시장. 미래에 어떤 모습이 만들어질지 지켜보는 건 매우 흥미로운 일인데, 분명한 것은 그때도 지금처럼 대구 사람들에게 익숙하고 친숙한 장소, 역사와 삶을 품은 장소, 애정이 깊은 특별한 장소로 남아 있으리라는 사실이다.

대구백화점의 추억이 깃든
패션 허브 동성로

각 도시의 가장 번화한 상업 지구를 흔히 '시내'라고 부른다. 서울처럼 상업 지역이 많은 도시는 시내라는 표현이 낯설지만 지방 도시들은 대개 중심 지역이 하나뿐이다 보니 '시내 간다'고 말하면 상업 지구로 쇼핑 등의 여가생활을 즐기러 가는 것으로 생각한다.

대구 사람들은 동성로를 시내라고 부른다. 자타공인 대구의 중심지이자 서울 명동, 부산 서면과 함께 전국 3대 상권으로 불리는 곳이다. 오늘날 동성로는 대구역 건너에서부터 중앙파출소까지 1킬로미터 거리를 말한다. 젊음과 낭만이 넘쳐나는 곳으로 수많은 패션 브랜드 매장을 비롯해 전시, 공연, 먹을거리, 휴식처 등을 두루 갖추고 있다.

근대 이전에 동성로 일대는 대구읍성 안에서 가장 개발이 뒤처진 곳으로 주택 몇 채를 제외하고는 허허벌판이었다.

1908년 대구읍성이 완전히 헐리면서 동성로는 새로운 역사를 쓰기 시작한다. 일제 강점기에는 '동성정'으로 불렸는데 당시 최고로 번창했던 북성로에 비하면 상대적으로 한적했다. 광복 이후 1950년 6·25 전쟁이 일어났고, 45일 만에 국군이 낙동강 전선까지 후퇴한다. 이때 대구에 각종 군대 본부와 정부 기관이 설치되고 각지의 피란민들이 모여 새롭게 시장을 개척하면서 동성로는 조금씩 활성화되기 시작한다.

오늘날 동성로의 위상과 명성을 가져다준 첫 신호탄은 대구백화점의 등장이다. 1969년 당시 대구 최고층인 지하 1층, 지상 10층 건물인 대구백화점이 입성하면서 동성로의 유동인구는 급격히 늘어난다. 젊은이들의 만남 장소로 평일, 주말 할

1920년대의 대구 동성로.

것 없이 붐볐고, 주변에 상가들이 줄줄이 들어서면서 '동성로 시대'가 열리게 된다.

대구백화점은 대구 유통업계의 상징과 같은 존재였다. 1944년 중구 교동시장 인근에서 대동상회로 시작해 1969년 주식회사로 전환하고, 동성로에 현대적인 의미의 대구 첫 백화점을 세운다. 지역 최초로 정찰제 판매를 시작하고 멤버십 카드도 처음 도입했다. 1980년대 초반 '대백 회원카드'는 부의 상징으로도 통하기도 했다. 그래서일까? 30대 이상의 대구 사람들에게 대구백화점은 장소 그 이상의 의미가 있다.

삐삐와 휴대폰이 없던 시절 대구 사람들은 시내에서 누군가와 만날 때 "대백에서 만나자"고 약속하곤 했다. 나도 핸드폰이 보급되기 전인 2000년대 초반까지 "내일 저녁 8시 대백"

대구백화점 본점 앞에 시민과 차들이 몰려 있는 모습(1990년).

등으로 친구들과 약속을 잡았다. '대백'은 대구백화점을 편하게 줄인 것으로 대구 사람들에게는 고유 명사와도 같다.

안타깝게도 대구백화점은 2003년 롯데백화점, 2011년 현대백화점, 2016년 신세계백화점이 개점하고 2020년부터 본격적으로 시작된 코로나19 유행에 온라인 쇼핑 시장이 급부상하면서 재정적인 어려움을 겪는다. 결국 2021년 개점 52년 만에 영업을 잠정 중단하고 휴점에 들어갔다. 사실상 폐점으로 대구 지역 첫 향토 백화점 대백은 역사 속으로 사라지게 된 것이다.

동성로는 1970년대부터 젊음과 낭만이 넘쳐나고 유행을 선도하는 거리가 되었고 1980년대는 민주화 운동과 6·10 항쟁 등 대구 사람들의 삶과 땀이 배어있는 역사적 거리가 되었다. 1990년대부터는 패션, 의류, 액세서리 골목으로 전국적인 명성을 얻는다. 특히 1997년 대구 지하철 1호선 중앙로역, 반월당역이 개통되고 2005년 대구 지하철의 첫 환승역이 동성로 근처인 반월당역으로 정해지면서 상권이 이곳까지 확장되어 동성로는 더욱 거대해졌다.

오늘의 동성로는 서울의 이태원, 가로수길, 홍대 입구, 노량진을 합쳐 놓은 듯한 분위기다. 대구에 근무하는 미군들과 인근 외국인들이 주말을 즐기러 펍과 클럽으로 모여들어 이태원 분위기를 낸다. 패션에 관심 있는 사람이면 한 번쯤 들어봤을 보세 브랜드들이 작은 골목에 빽빽이 들어선 것은 고급 부티

크는 아니지만 신사동 가로수길과 비슷한 모습이다. 동성로 핫플인 야시 골목에는 개성 있고 트렌디한 옷을 선보이는 전국구 인기 쇼핑몰의 주인공들이 모여 있다. '야시'는 여우의 경상도 사투리로, 여우처럼 예쁘고 멋 부리기 좋아하는 여성들이 모이는 골목이라는 뜻이다. 안목 있는 옷가게 주인들은 보세 옷과 자체 브랜드 제품으로 패션을 리드한다.

클럽 골목 일대에서는 홍대 거리의 분위기를 고스란히 느낄 수 있다. 라이브 카페와 클럽을 중심으로 다채로운 문화행사와 거리공연, 축제 등이 열린다. 고시 수험생들을 위한 학원, 토익·토플 등을 가르치는 어학원, 미용 학원, 컴퓨터 학원, 제빵 학원 등이 모여 있는 모습은 서울 노량진과 비슷하다. 노량진이 고시 위주라면 동성로는 입시를 제외한 모든 종류의 학원이 있다.

지금도 동성로는 젊은이들에게는 트렌드의 중심지, 장노년층에게는 추억의 쉼터로 인기가 있다. "동성로가 예전 같지 않다"는 말도 나오지만 항상 그랬던 것처럼 시대 변화에 발맞춰 새롭게 진화해 사람들을 불러 모을 것이다. 대구시와 상인들을 중심으로 한 각종 프로젝트가 진행되고 있으니 앞으로 어떤 변신을 꾀할지 기대된다.

과거와 현재가 조화롭게
북성로는 변신 중

도시 활동의 거점이 되는 도심에는 많은 이야기가 쌓인다. 한때 대구 최고의 번화가였던 북성로 곳곳에서는 다양한 이야기를 만날 수 있다. 조선 시대에는 성곽, 일제 강점기에는 식민 도시, 그리고 대한민국 최고의 공구 골목까지 독특하면서도 다양한 궤적을 그려온 공간이 바로 북성로다.

대구역 사거리 대우빌딩 뒷편에서 달성공원 입구까지 이어지는 도로인 북성로는 아이러니하게도 일제의 경제 침탈이 가속화될수록 발전을 거듭한다. 일본은 1904년 러일전쟁이 일어나자 군수물자 이동을 위해 1905년 경부선을 개통하면서 대구역을 건설했다. 대구역 건설 전후로 일본인들이 자본을 들고 대구로 몰려왔고, 자연스럽게 역사 주변에 역세권이 형성되었다. 1908년 대구읍성이 완전히 헐리면서 읍성의 북쪽 성벽에 신작로인 북성로가 들어선다.

일제 강점기가 시작되면서 대구역을 중심으로 한 북성로에는 경찰서와 헌병대, 조선은행 대구지점 등 주요 건물들이 들어섰다. 일본인들은 북성로를 원정이라 부르며 빠르게 상권을 장악해 나갔고 1918년경에 커다란 시가지가 형성된다. 담배공장인 연초제조창, 목욕탕인 조일탕, 재림소와 재목소, 포도주 판매점과 장신구점, 곡물회사, 철물점, 양복점, 조경회사 등 일본인이 운영하는 다양한 가게가 있었다. 100개가 넘는 상점 중 조선인이 운영하는 곳은 곡물 가게 3곳에 불과했다.

1934년에는 일본에서도 유명한 미나카이 백화점이 개점하면서 대구 최고의 번화가로 자리매김한다. 백화점은 대구 최고층인 5층 건물로 세워졌고, 대구 지역 최초로 엘리베이터가 설치되어 그것을 타보러 오는 사람들도 많았다고 한다. 꼭대기 층에는 큰 식당과 카페가 있어 지역의 재력가들이 드나들었다. 광복 이후에는 군부대, 서대구세무서 등으로 사용되다가 1984년 철거되었다. 현재는 뉴시민유료주차장으로 사용 중이다.

당시 화려한 미나카이 백화점을 중심으로 벽돌로 지은 일본식 근대 건축물, '마치야'라고 부르던 일본식 상가주택이 빽빽이 들어섰다. 밤이면 대낮처럼 불을 밝힌 가로등과 화려한 네온사인이 더해져 '대구의 긴자'로 불렸다. 일제 강점기에 대구에는 일본인 1만4000여 명 정도가 거주했고 이들의 쇼핑과 생활 중심지는 북성로였다. 북성로는 대구 최대의 번화가라는 화려한 이면 뒤에 일본의 침략과 수탈이라는 아픔이 감춰져 있던 곳이다.

1945년 광복 이후 일본인들이 떠나고 1950년 6·25 전쟁이 발발하면서 북성로는 큰 변화를 맞이한다. 전쟁 전후로 미군 부대가 주둔하는데 당시 미군 부대가 사용한 군수물자는 대

1930년대 북성로 야경.

1930년대 미나카이백화점 야경.

구역 같은 물류 기지와 배급창을 통해 물량을 짐작하기 어려울 정도로 쏟아져 나왔다. 일부 상인들은 군수물자 중에서 깡통이나 드럼통을 수집해 수도관이나 리어카 바퀴 등을 만들어 북성로에서 팔기 시작한다. 이후 철물 가게들이 하나둘씩 생겨났고 그와 함께 기계공구상들이 자리잡게 된다. 이것이 공구 골목 북성로의 시작이다.

1950~1960년대에 형성된 공구 골목은 1970~1980년대 들어 점포 수가 600여 개에 이르는 전국 최대 공구 골목으로 전성기를 누렸다. '전국의 모든 공구가 이곳에 있다'고 할 만큼 호황을 누렸고, 우스갯소리로 '도면만 있다면 탱크도 쉽게 만든다'는 말이 생겨날 정도로 자부심이 대단했다.

하지만 1990년대 IMF 외환 위기와 글로벌 금융 위기를 거치면서 쇠락의 길로 접어들게 된다. 2000년대에는 대구시가 북구 산격동에 조성한 대구종합유통단지로 상당수 업체가 빠져나가면서 상권이 분산되고, 인터넷 쇼핑몰이 활성화되면서 큰 어려움을 겪는다. 현재는 수십 개의 공구 상가만 남아 '북성로 공구 골목'라는 이름을 지키고 있다.

짧은 기간이지만 북성로는 사교와 문화의 거리가 되기도 한다. 대구는 6·25 전쟁의 피해를 상대적으로 덜 받았기 때문에 전국에서 몰려든 피란민들로 붐볐다. 물자와 사람이 몰리는 곳에 문화와 예술이 따라오는 것은 당연한 일이었다. 피란 온

예술가들은 북성로에 터를 잡았고, 근처 다방에서 커피와 술을 마시며 서로의 작품을 논했다.

그랜드 피아노가 있어 원로 음악가들이 자주 찾았던 '백조다방', 구상 시인의 출판기념회가 열렸던 '꽃자리다방', 이중섭 화가가 담배 은박지에 소 그림을 그린 '백록다방', '폐허에서 바흐의 음악이 들린다'는 내용으로 외신에 소개되었던 음악감상실 '르네상스', 젊은 예술가들의 사랑을 받은 음악감상실 '녹향', 구상 시인과 동화작가 마해송 같은 문인이 자주 이용한 것으로 유명한 '화월여관', 이중섭 화가가 숙소로 사용했던 '경복여관' 등이 북성로의 명소였다.

북성로와 동성로는 700미터 떨어진 거리에서 서로 마주보고 있다. 닮은 듯 안 닮은 듯 티격태격하는 커플과도 같은 두 거리는 대구읍성을 허문 자리에 만들어졌기에 생일이 같고, 대구 최고의 번화가라는 공통분모도 있다. 하지만 북성로는 과거형, 동성로는 현재 진행형이다.

일제 강점기에 대구 최고의 번화가였다가 광복 이후 우리나라 최대 공구 골목으로 명성을 떨쳤던 북성로는 쇠락한 옛 도심이 되었다. 1960년대까지만 해도 동성로는 대구역을 중심으로 한 교동시장 상권이 형성되긴 했지만 북성로에 비하면 아무 것도 아니었다. 1969년 대구백화점이 생기면서 북성로에서 동성로로 상권이 크게 이동했고 점차 공평동, 중앙파출소 방향으로까지 상권이 확장되어 대구 최고의 번화가로 성장했다.

최근 북성로 공구 골목은 도시 정비 사업을 통해 문화와 관광의 거리로 바뀌고 있다. 도로와 간판 정비, 공구박물관 개설 등으로 낡은 이미지를 벗어던지고, 적산가옥과 근대식 건물에 젊은 상인들과 문화인들이 들어오면서 감각 있는 공간으로 재탄생되는 중이다. 특색 있는 카페와 갤러리를 비롯해 독립서점 등 다양하고 소소한 볼거리가 골목 곳곳에 스며들고 있다.

이 변신에는 바로 곁에서 365일 사람들로 북적이는 동성로가 큰 힘이 될 것이다. 빈티지와 세련미가 함께 어우러지고 과거와 현재가 조화롭게 균형을 맞춰가는 북성로는 어떤 모습으로 옛 영화를 되찾을지 기대가 된다.

오늘날 북성로 공구 골목.

대구는 어떻게
'보수의 심장'이 되었는가

대구의 정치를 생각하면 곧바로 떠오르는 이미지가 있을 것이다. '보수의 심장' '보수의 메카' '보수의 상징' '보수의 고장' '보수의 텃밭' 등의 수식어다. 자신이 진보 성향이라 생각하는 대구 사람도 대구가 보수의 대명사라는 사실은 부정하지 못한다. 그런 보수성을 타 지역 사람들은 별다른 고민 없이 바라본다. 하지만 대구가 '원래' 보수적이진 않았다.

과거 대구는 좌파가 강한 '조선의 모스크바'였고 대표적인 야당 도시, 진보 도시로 꼽혔다. 광복 직후인 1946년 미군정에 저항한 10월 항쟁이 대구에서 제일 먼저 일어났다. 10월 항쟁이란 미군정의 친일 관리 고용, 농촌의 쌀 강제징수 등에 항의해 7500여 명 대구 사람들이 시위를 벌이다가 경찰의 발포에 수백 명이 희생된 사건이다.

이승만 정부는 1956년 제3·4대 정·부통령 선거에서 야당 세력의 강력한 도전을 받는다. 민주당의 장면 후보는 집권당인 자유당의 이기붕 후보를 물리치고 부통령에 당선되었으며, 진보 세력인 조봉암은 북진 통일이 아닌 평화 통일을 구호로 내걸어 대통령 선거 유효 득표의 약 30퍼센트를 차지하는 돌풍을 일으켰다. 조봉암은 서울·경기·강원·충청 등 중부 지역에서는 19.8퍼센트 득표에 그쳤으나 영호남에서 37.5퍼센트를 득표했다. 특히 대구·경산·칠곡에서 모두 70퍼센트 이상을 득표했다.

대구는 1960년 4·19 혁명 당시에도 제일 먼저 거리로 달려 나가 2·28 민주운동을 전개한 '민주 도시'였다. 이승만 정부는 3월 15일 대통령 선거를 앞두고 2월 28일 대구 학생들이 야당 후보 장면의 선거 유세에 참여하지 못하도록 일요일에 강

총파업이 벌어지고 있는 1946년 10월 1일 대구의 모습.

제 등교를 시켰다. 이에 학생들은 대규모 시위를 벌였다.

1971년 제7대 대통령 선거에서 민주공화당의 박정희와 야당 신민당의 김대중이 맞붙고 박정희가 대통령에 당선되었지만 대구 사람들은 다시 한 번 대구가 '야당 도시'임을 보여줬다. 박정희 정권이 들어서고 한 달만에 실시된 제8대 총선에서 대구의 5개 선거구 중 4개를 신민당 후보들에게 내주었기 때문이다. 이외에도 통혁당, 인혁당 등 1960~1970년대 혁신 세력들은 대구가 중심이었고, 한국 노동운동의 불씨가 된 전태일도 대구 출신이었다.

그런 대구가 언제부터, 어떻게 보수의 상징이 된 걸까? 대구 정치의 보수성에 대해서는 여러 견해가 나오고 있다. 먼저, 변화를 거부하는 유교 문화 전통이 대구에 강하게 남아 정치적 보수성에 일조했다는 의견이다. 이는 각종 여론조사에서 대구

1971년 제7대 대통령선거 유세를 위해 대구를 찾은 공화당의 박정희 후보.

팔공산 관봉 석조여래좌상.

대구는 분지 안의 분지라는 독특한 지형 때문에 우리나라에서 가장 더운 여름을 보내고 있다.
다행히 최근 '푸른 대구 가꾸기' 사업으로 나무를 심어온 노력이 결실을 거두는 중이다.

하늘에서 내려다본 달성공원. 대구에서 가장 오래된 공원으로 대구의 랜드마크 역할을 한다.

서문시장은 2023년 4월 이전 100주년을 맞이했다. 앞으로의 100년도 대구 사람들과 희로애락을 함께할 것이다.

동성로는 대구의 중심지이자 서울 명동, 부산 서면과 함께 전국 3대 상권으로 불리는 곳이다.

대구 지역의 가장 큰 기차역은 동대구역이다. KTX, SRT 열차와 ITX-새마을, 무궁화, 누리로 열차가 모두 운행되어 전국 철도역 중 서울역 다음으로 이용객이 많다(2021년 기준).

대구 북쪽에서 도심을 가로질러 흐르는 금호강.
1930년대에는 금호강 일대가 대구 특산물인 사과 재배지였다.
현재는 '금호강 르네상스 사업'이 추진 중이다.

대구 FC의 마스코트 리카.

대구 막창은 숯 향이 고루 밴 쫄깃한 육질과 구수한 된장 소스가 어우러져 최상의 술안주가 된다.

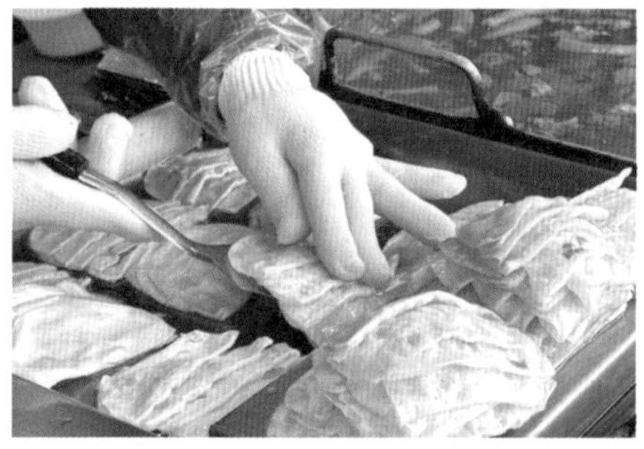

납작만두 가게에서는 종이만큼 얇은 만두피를 찢어지지 않게 굽는 모습을 구경하는 재미가 크다.

대한제국 시기 경상감영의 선화당(위)과 오늘날 경상감영공원의 선화당(아래).

사람들 스스로 자신이 보수적이라고 답하는 비율이 압도적으로 높게 나타나는 것에서 확인할 수 있다.

폐쇄적인 지배 구조에서 그 원인을 찾기도 한다. 분지인 대구처럼 내륙에 위치하면서 외부로의 인구 이동이 미비한 지역에서는 지배 구조의 폐쇄성이 견고해진다고 한다. 대구의 정치·행정·상공·법조·언론·교육계 지도급 인사들은 학연과 지연 등으로 얽혀 있는 가운데 지역 사회를 좌우할 정도의 강력한 권력을 장악하고 있다. 이들은 외부 출신 인사들을 배제하고 끼리끼리 문화를 형성하면서 그들만의 독특한 의식이나 태도를 강화해 대구의 정치적 보수성을 강화시킨다.

폐쇄적인 지배 구조를 말할 때 학연을 빼놓을 수 없다. 대구는 TK로 상징되는 특정 고등학교 출신이 오랫동안 각 영역에서 핵심적인 지위를 차지해 왔다. TK는 대구, 경북 지역을 약칭하는 용어임과 동시에 대구의 경북고등학교를 약칭하는 용어로 사용된다. 과거 중앙 권력의 핵심 위치에 포진한 경북고등학교 출신 인사들과 대구의 지도급 인사들이 학연이라는 연결고리를 통해 운명 공동체적인 모습을 보였다. 즉, 중앙 권력에서의 변화가 곧바로 대구 지도층 인사들의 권력 변화로 직결되는 경우가 많았다.

대구의 낙후된 산업 구조에 주목하기도 한다. 대구는 섬유 산업이 쇠퇴하면서 이를 대체할 다른 산업이 없었다. 이런 환경에서 대구의 지도자급 상공인들은 대부분 섬유 산업에서 경력을 쌓은 나이 많은 인사들이었고, 젊은 세대가 최고경영자가 되는 일은 극히 드물었다. 이 역시 대구의 정치적 보수성에 어느 정도 기여한 것으로 볼 수 있다.

지역 언론인 '매일신문'도 살펴봐야 한다. 한때 매일신문은 신문시장에서 절대적인 점유율을 자랑했고, 대구 사람들의 여론에 가장 강력한 영향력을 행사할 수 있었다. 그런 매일신문이 1980년대 초반부터 우파적 보수 성향을 강하게 띠며 '대구의 조선일보'라고 할 만큼 보수 중의 보수가 되었다. 결국 대구 사람들은 매일신문 지면에 제시된 기사를 통해 사회를 바라보게 되면서 사고의 보수화가 심화되었다는 것이다.

대구 정치의 보수성을 체계적으로 분석하고 추적하는 일은 쉽지 않다. 그나마 선거 결과로 분석하는 것이 가장 객관적이라고 할 수 있다. 1972년 10월 박정희 정부는 전국에 비상계엄을 선포한 다음, 국가 안보와 경제 성장을 명분으로 대통령에게 막강한 권력을 부여하는 유신 헌법을 내놓는다. 박정희는 유신 헌법에 따라 국회를 해산했고, 선거제도 역시 한 선거구에서 여러 명을 뽑는 중대선거구제로 바꿔 여당 의원이 무조건 1명은 뽑히도록 했다. 이후 1987년 6월 민주 항쟁으로 선거제도가 민주화되기 전까지 선거 결과만으로는 대구가 언제 보수화되었는지 알 수가 없다. 다만, 1985년 대구 출신 전두환의 집권 하에 치러진 제12대 국회의원 선거에서 흥미로운 결과가 눈에 띈다. 대구에서 전두환·노태우의 민정당이 전국적으로 세 번째로 낮은 득표율을 기록했고, 야당인 신민당과 민한당의 득표율(48.2퍼센트)이 민정당과 우군인 국민당의 득표율(44.3퍼센트)을 따돌렸다. 즉 1985년까지도 대구는 여전히 '야당 도시'의 모습을 보여줬던 것이다.

대구의 보수 이미지는 1987년 제13대 대통령 선거에서 처음 드러난다. 대구는 노태우에게 70퍼센트 이상의 표를 몰아주었고, 1988년 제13대 국회의원 선거에서도 대구의 전 지역에서 민정당 후보가 승리를 거두었다. 이를 시작으로 지금까지 35년 이상 이어진 선거 결과들은 하나같이 대구가 '보수 정당' '보수 정치'의 성지라는 것을 보여준다. 대구 정치의 보수성은 이미 1972년 유신 체제 때부터 시작되었을 수도 있지만 1887년 제13대 대통령 선거에서 명백하게 드러나고 고착화되었음을 알 수 있다. 이후 총 7번의 대선에서 대구의 표심은 말 그대로 '보수 몰표'였다. '민주당'으로 통칭되는 야당 후보에게는 말 그대로 '넘사벽(넘을 수 없는 4차원의 벽)'이었다.

대구의 정치 보수성을 놓고 정치학자들은 영·호남의 지역감정 이야기를 많이 한다. 간혹 영·호남의 지역감정은 신라와 백제의 대립에서부터 생겼다고도 한다. 완전히 틀리진 않더라도 둘의 관계가 지금까지 이어졌다고 하기에는 무리가 있다.

정치학자들은 또 지역감정의 뿌리가 박정희 정부에 있다고 본다. 박정희와 김대중이 대결한 1971년 대통령 선거에서 대한민국 최초의 지역주의 선거 전략인 '경상도 대통령론'이 나온 것을 시작으로 1980년 5·18 광주민주화운동 등을 거치며 지역주의가 강화되었다는 것이다. 물론 앞서 언급했듯이 1985년 선거까지는 대구 사람들도 지역주의에 현혹된 투표를 하지 않고 야당을 밀었다.

6월 민주항쟁 이후 치러진 1987년 제13대 대통령 선거에서 김대중·김영삼 후보가 분열해 '민주 대 반민주'의 구도가 되어야 할 선거가 '지역 대결 구도'로 변했다. 노태우 등의 후보들이 지역주의 전략을 의도적으로 펼침에 따라 지역주의가 전면화되었다. 그 결과 대구에서는 대구 출신 노태우가 지지를 받게 되는데 그 세력이 바로 '보수 정당'이다. 이에 따르면 대구는 정치적으로 보수화가 되어 보수 정당을 지지한 것이 아니라 "우리가 남이가"라는 지역주의에 의해 지역 정당을 지지하게 됐는데, 당시 그 정당이 보수 정당이었던 셈이다. 물론 이 견해에 대한 반론도 적지 않다. 이미 박정희 정부 시기에 저항이 가장 심했던 김대중을 구심점으로 한 전라도와 그의 지지자를 탄압하면서 영·호남의 지역감정이 형성되었고, 박정희는 고향인 대구와 경북에서 왕보다도 위대한 신적인 존재가 되었다는 것이다.

오늘날 정치에서 진보와 보수, 좌파와 우파, 영남과 호남 출신 등을 따지는 것이 큰 의미가 있냐는 생각이 든다. 유권자들은 국민에게 필요한 일들을 가장 효율적으로 해나가는 정치인을 뽑으면 되는 것이 아닌가 싶다. 대구의 현재 모습을 보면 과거의 '진보 도시' '야당 도시'로의 귀환은 쉽지 않아 보인다. 다만 미래의 대구 유권자들이 출신, 지역, 진영, 이념, 사상 이런 것을 따지기보다는 국민의 삶을 개선하고 국가를 더 발전시킬 역량 있는 사람에게 소중한 한 표를 행사하기를 바란다. 그렇다면 대구가 '합리적인 보수 도시'라는 새로운 이미지와 함께 대한민국 정치 발전에 큰 기여를 할 수도 있다는 생각이 든다.

제2부

일상을 특별하게 해주는 멋과 맛

내 몸에는 푸른 피가 흐른다
삼성 라이온즈

야구를 좋아하는 대구 사람이라면 "내 몸에는 언제나 푸른 피가 흐를 것이다"라는 말을 해본 적이 있을 것이다. 팬들뿐만 아니라 선수들도 자주 하는 말이다. 푸른 피는 삼성 라이온즈를 상징한다. 대구는 야구의 도시라는 칭호에 걸맞게 프로야구 최고의 명문구단 중 한 팀인 삼성 라이온즈를 갖고 있다.

프로야구는 현재 가장 인기 있는 국민 스포츠지만 그 시작이 아름답지는 않았다. 비정상적인 방법으로 정권을 장악한 전두환 정부는 야간 통행금지 폐지, 두발과 교복 자율화 등의 유화 정책을 펼쳤는데 그중 하나가 프로야구단 창단이었다. '어린이에게 꿈을, 젊은이에게 정열을, 온 국민에게 건강한 여가 선용을'이라는 슬로건을 내걸고 1982년 6개 구단 체제로 출범한 프로야구는 2015년 34번째 시즌에 10개 구단 시대를 열었고, 지금까지 이어지고 있다.

삼성 라이온즈는 1982년 창단 이후 KBO 리그 원년부터 팀명과 모기업이 바뀌지 않고 이어져 온 팀 중 하나다. 최고를 추구하는 모기업의 지원과 명문 경북고·대구상고 출신 선수들을 기반으로 늘 우승권에 들었고, FA시장에서도 큰손으로 인정되는 강팀이다.

하지만 쉽게 가질 수 없는 게 있었으니, 바로 한국시리즈 우승이다. 1985년 창단 이후 첫 우승을 차지한 삼성 라이온즈는 전·후기를 모두 1위로 마쳐 규정에 따라 한국시리즈 없이 우승을 확정지었다. 프로야구 역사상 유일하게 포스트시즌 없는 우승이었다. 하지만 한국 야구팬들은 한국시리즈 우승이 진정한 우승이라고 생각했기 때문에 이 우승은 철저하게 평가절

1985년 삼성 라이온즈의 사상 최초 통합 우승.

하된다.

이후 막강한 전력을 자랑하며 7회나 한국시리즈 무대에 올랐지만 단 한 번도 우승 트로피를 들어 올리지 못했던 무관의 제왕 삼성 라이온즈는 "우승 한 번도 못한 팀이 무슨 명문이냐" "준우승 전문팀"이라는 비아냥을 들어야 했다. KBO 회의에서 삼성이 의견을 내면 다른 구단들이 "우승 한 번 못 해본 구단이 설친다"는 면박을 당했다는 후문도 있다.

2002년 정규 시즌 우승으로 한국시리즈에 직행한 삼성 라이온즈는 준플레이오프와 플레이오프를 힘겹게 치르고 올라온 LG 트윈스와 맞붙게 되었다. 객관적인 전력이나 체력 면에서 모두 삼성이 우세한 상황이었다. 삼성 라이온즈는 한국시리즈 6차전을 앞두고 3승 2패를 거둬 우승까지 단 한 경기를 남겨둔 상태였다. 트윈스는 벼랑 끝의 6차전이었고, 라이온즈는 7차전까지 가면 분위기상 위험할 수 있기 때문에 승리로 끝내야만 했다. 양 팀은 점수를 주고받기 시작했고 마지막 9회 초에 9:6으로 LG 트윈스의 승리가 거의 확실시되고 있었다.

여기서 한국시리즈 역사상 최고의 명장면이 나온다. 9회 말 김재걸의 2루타, 브리또의 볼넷에서 한국시리즈 내내 부진하던 이승엽의 동점 홈런이 터졌다. 투수는 당대 최고 마무리 투수 이상훈이었다. 숨 고를 시간도 없이 다음 타자 마해영의 역전 끝내기 백투백 홈런이 터지면서 삼성 라이온즈는 기적의 우승을 차지하게 된다. 당시 고등학생이던 나는 끝내기 홈런이 터진 뒤 서로 부둥켜안고 뜨거운 눈물을 흘렸던 이승엽, 마해영, 양준혁의 모습을 TV로 보면서 같이 펑펑 울었다. 삼성 팬이 아니더라도 '한국시리즈 사상 최고의 명승부'로 주저없이 꼽는 명승부였다.

삼성 라이온즈는 2005~2006년 2년 연속 한국시리즈 우승을 차지한다. 사실 이때만 해도 역사상 최고의 전성기인 줄 알았다. 하지만 진정한 왕조 시대는 따로 있었다. 국어사전에서 왕조는 같은 왕가에 속하는 통치자의 계열 또는 그 왕가가 다스리는 시대로 되어 있다. 프로야구에서 왕조는 후자의 뜻에 가깝다. 왕조라는 칭호는 한국시리즈를 몇 차례 우승하는 것만으로 받을 수 없다. 최소 5년 이상 지속적으로 정상급 성적을 내야 하고 단기전에서도 강한 모습을 보여줘야 한다. 삼성 라이온즈는 2011년부터 2014년까지 4년 연속 통합 우승에 2015년까지 정규 시즌 5연패를 차지하면서 프로야구 역사상 가장 강력하고 완벽했던 왕조 시대를 열었다. 이 시절 멤버들을 보면 투수는 배영수, 오승환, 윤성환, 장원삼, 안지만, 타자는 이승엽, 채태인, 박석민, 최형우, 박한이 등으로 정말 화려했고, 투타에서 완벽한 모습을 보이며 다른 팀들을 압도했다.

돌이켜보면 삼성 라이온즈의 왕조 시절에는 야구를 보는 게 행복했다. 나는 새내기 학원 강사로 열심히 일할 때였다. 라이온즈가 야구를 너무 잘해 흥분하거나 열을 내면서 본 적이 거의 없었다. 이기고 있다면 오늘 경기는 쉽게 이기겠네, 지고 있다면 뭐 알아서 잘 하겠지, 이겼다면 그럼 그렇지, 졌다면 에이 질 수도 있지, 아마 삼성 라이온즈 팬이라면 모두 나와 같은 심정이었을 것이다. 영원할 줄 알았던 왕조 시절은 2015년 한국시리즈에서 좌절을 맛보면서 급격하게 해체된다. 항상 상위권에 있던 삼성 라이온즈는 9등, 8등, 6등, 하위권만 맴돌게 된다.

2014년 한국 프로야구 역사상 첫 4연속 통합 우승을 한 삼성 라이온즈.

삼성 라이온즈는 수많은 스타를 배출했다. 이들 중 영구 결번된 선수는 단 세 명에 불과하다. 영구 결번은 한 구단에서 위대한 업적을 세우거나 헌신을 많이 한 선수를 위해 그 선수가 사용했던 번호를 다른 후배 선수들이 사용하지 못하도록 하는 제도다. 모든 팀을 합쳐도 17명밖에 되지 않으니 한국 프로야구를 대표하는 레전드 선수들인 셈이다.

삼성 라이온즈는 이만수의 22번, 양준혁의 10번, 이승엽의 36번을 영구 결번으로 지정했다. 이만수는 1980~1990년대 라이온즈를 상징하는 선수로 현역 시절 별명은 '헐크' '최초의 사나이'였다. 한국 프로야구 1호 안타, 1호 타점, 1호 홈런, 최초 100홈런, 최초 200홈런, 최초 트리플 크라운 등 많은 1호 기록을 가지고 있어 붙은 별명이다.

양준혁은 통산 타격 1위 타이틀을 대부분 가지고 있으며 대표 별명으로는 타격의 신이라는 뜻의 '양신'이 있다. 배트를 거꾸로 들고 쳐도 3할이라는 비유까지 있을 만큼의 타격 기계였다. 일명 '만세 타법'이라 불리는 특유의 타격 폼, 타구 상황에 관계없이 1루를 향해 끝까지 전력 질주하는 모습으로 삼성 팬들의 큰 사랑을 받았다.

이승엽은 프로야구 역사상 최고 타자로 꼽힌다. 통산 홈런 467개로 압도적인 1위에 올라 있고 한 시즌 최다 홈런 역대 1위(2003년 56개)와 2위(1999년 54개) 기록도 혼자 보유하고 있다. 삼성 라이온즈를 거쳐 일본 지바 롯데, 요미우리까지 평

정했던 4번 타자다. 홈런의 역사를 말할 때 이승엽의 이름을 빼놓고는 설명이 불가능하다. 국가대표팀 역사에서도 그렇다. 국제전을 치를 때 유난히 8회에 분위기를 끌어 모아 역전에 성공한다는 걸 빗댄 표현인 '8회의 기적'을 만들어낸 주인공이다. 그래서 별명이 '국민 타자' '국민 영웅'이었다.

삼성 라이온즈 이야기를 하면 홈구장 이야기도 빼놓을 수 없다. 라이온즈는 프로야구 출범 원년인 1982년부터 2015년까지 대구 북구 고성동 대구시민운동장 야구장을 홈구장으로 사용했다. 왕조 시절을 함께했던 삼성 팬들에게는 잊지 못할 추억을 선물해 주었던 구장이다. 하지만 국내에서 가장 오래된 야구장이라 시설 노후화가 지속적으로 문제가 되었다.

2016년 삼성 라이온즈는 대구 삼성라이온즈파크가 개장하면서 34년 만에 새 구장에서 정규 시즌을 맞이한다. 야구 팬들은 구장 이름을 줄여서 '라팍'이라고 부른다. 라팍은 전체 면적 4만6943제곱미터(지하 2층, 지상 5층)에 달하며 최대 수용 인원은 2만9000명으로 명실상부한 국내 최대 구장이다.

안타깝게도 삼성 라이온즈는 라팍으로 옮긴 2016년부터 2023년까지 9-9-6-8-8-3-7-8으로 2021년을 제외하고는 하위권에 머물렀다. 우스갯소리로 라팍의 저주라고도 한다. 하지만 팬들은 성적과 관계없이 주중 평균 1만 명, 주말 관중 2만 명 정도가 라팍을 찾고 있다. 라팍에는 각종 볼거리, 먹거리도 많아서 평소 야구에 관심 없는 사람들도 방문하게 된다면 스포츠가 주는 재미에 흠뻑 빠질 수 있을 것이다.

삼성 라이온즈가 한국시리즈에 진출하지 못한 지가 벌써 10년이 다 되어가고 있다. 다시 왕조 시절로 돌아가긴 어렵겠지만 5년 안에 정규시즌 우승, 한국시리즈 우승을 할 수 있기를 소망한다.

한국의 바르셀로나를 꿈꾸는
시민구단 대구FC

축구에 관심이 없더라도 'FC 바르셀로나'라는 이름은 한 번쯤 들어봤을 것이다. '클럽 그 이상(Més que un club)'을 모토로 창단되어 세계 최고의 축구 선수 리오넬 메시를 배출하고 요한 크루이프와 호나우두 같은 레전드들이 거쳐 간 구단이다. 축구 역사상 가장 위대한 클럽 중 하나라고 평가되는 FC 바르셀로나의 위대함은 축구로만 판단해서는 안 된다. 이 팀은 세계 최초의 협동조합 형태로 운영되는 시민구단이다. 팬들의 자금에 의해 구단이 운영되고, 회장도 팬들이 직접 선출한다.

우리나라 시민구단은 프로축구 출범 이후 20년이 지나서야 등장한다. 2002년 한일 월드컵을 계기로 대구시에서 축구에 대한 시민들의 관심이 높아지자 시민·단체·기업 등 대구 지역의 모든 주체가 참여해 프로축구 사상 최초로 시민구단 형태의 축구 구단을 창단한다. 바로 대구를 하늘색으로 물들이고 있는 대구FC다.

시민구단은 연고지 시민에게 공개 주식매매를 하거나 협동조합, 지방정부의 출자 등의 수단으로 자금을 모아 창설한 구단을 말한다. 연고지의 지방정부로부터 재정적 지원을 받기도 하고 연고지 기업의 광고를 유치하는 형식으로 구단을 운영하기도 한다. 대구FC는 2002년 대구시민프로축구단 창단추진위원회가 설립된 후 자본금 53억5000만 원으로 법인등록을 마치고 2002년 11월 15일부터 12월 24일까지 1차 시민주 공모에서 73억5000만 원을 확보했다. 같은 해 12월 26일 한국프로축구연맹으로부터 K리그 11번째 구단으로 창단 승인을 받았다.

1983년 5월 8일 서울 동대문운동장에서 프로축구 '슈퍼리그'의 개막전이 열린다. 당시 전두환 정부는 정치적 이슈를 덮기 위해 프로야구처럼 반강제적으로 프로축구를 출범시켰다. 준비 기간은 채 2년도 안 되었고, 첫 5팀 중 유공 코끼리는 개막 다섯 달 남짓을 남기고 급하게 꾸려졌을 정도였다. 프로축구는 급작스럽게 출범했지만 월드컵 본선 연속 진출로 나날이 인기가 높아졌고, 1990년 지역 연고제가 실시되면서 구단별 서포터즈 활동 문화가 뿌리 내리게 된다. 1997년에는 10개 구단 체제를 완성하고 이듬해인 1998년 K리그라는 고유의 명칭을 확정한다. 2002년 한일 월드컵 4강 진출은 폭발적인 관심과 인기를 이끌어냈고, K리그 규모는 꾸준히 커졌다. 2013

년 최초로 1부와 2부 리그를 동시에 운영하는 22개 구단 체제가 완성되었고, 국내 최고 인기 스포츠 중 하나로 자리잡게 된다. 현재 K리그1과 K리그2에서는 총 11개의 시민구단이 승격을 위해 혹은 강등을 피하기 위해 치열하게 순위를 겨루고 있고 그중 하나가 대구FC다.

대구FC는 최초의 시민구단으로 K리그에 참가한 2003년에는 줄곧 중하위권에 머물다 11위로 시즌을 마친다. 이후 2004년부터 2012년까지 9년 동안 7~15위에 머물며 중하위권을 벗어나지 못하다가 2013년 13위를 기록, 한국 프로축구 최초로 도입된 K리그 승강제에 의해 2부 리그 격인 K리그 챌린지로 강등된다.

조광래 전 국가대표팀 감독을 사장 겸 단장으로 영입하고, 강등에서 벗어나기 위해 시민구단이 가야 할 길과 할 수 있는 일을 찾았는데 그 해답은 역시 '축구'였다. 이때부터 대구FC는 세징야, 에드가 등 걸출한 외국인 선수를 스카우트하고 신인 자유계약 선발과 유스팀에서 승격 등을 통해 발굴한 유망주를 주전으로 키우며 스쿼드를 구축하는 기조를 유지하고 있다.

경기력 향상, 관중 유치, FC 서포터즈 결성 등 눈물겨운 노력을 하는 대구FC에 대구 시민들의 지지는 큰 힘이 되었다. 이를 바탕으로 수년간 잃어버렸던 대구만의 '끈끈함'이 묻어나는 축구가 부활하면서 2016년 K리그 챌린지 2위로 3년 만에 승격의 기쁨을 맞이한다.

이기는 날보다 지는 날이 더 많았던 대구FC는 2018년 프로와 아마를 통틀어 최고의 클럽을 가리는 FA컵 결승전에 오르면서 새로운 역사를 쓰게 된다. 결승에서 강호 울산 현대를 만나자 전문가와 나를 포함한 열성 팬들조차 울산 현대의 손쉬운 우승을 예상했다. 하지만 7위 팀으로 스타급 선수가 없던 대구FC는 조직력으로 3위 팀 울산 현대를 꺾는 이변을 일으키며 우승 트로피를 들어 올린다. 또 FA컵 우승팀 자격으로 아시아축구연맹(AFC) 챔피언스리그 출전권을 확보해 국제무대에 첫 족적을 남기게 된다.

기적 같은 승리 뒤에는 묵묵히 응원한 12번째 선수 대구시민들이 있었다. 결승 2차전 응원을 위해 1만8351명의 대구시민이 경기장을 찾았는데 이는 그해 통틀어 하루 최다 관중 신기록이었다. 시민들은 첫 골, 쐐기골 등 매 순간 선수와 하나가 되었다. 대구FC의 위기, 찬스가 올 때면 어김없이 기립해 '박수7래(박수칠래)' 응원을 펼쳤다. 승리를 알리는 종료 휘슬이 울리자, 우승은 죽을 때까지 보지 못하리라 생각했던 팬들이 관중석 곳곳에서 기쁨의 눈물을 흘렸다.

창단 14년 만의 첫 FA컵 우승 이후 대구FC는 유례없는 황금기를 맞이한다. 황금기를 견인한 쌍두마차는 '리카'와 '대팍'

이다. 고슴도치 '리카'는 2019년 1월에 탄생한 대구FC 마스코트로, 귀여운 외모로 대구FC 팬들은 물론 타 K리그 팬들에게도 사랑을 받고 있다. 리카를 활용한 키링, 인형, 쿠션 등의 상품은 출시만 되면 매번 빠르게 완판되어 추가 제작을 할 정도로 인기를 끌고 있다.

'대팍'은 대구FC가 홈구장으로 쓰던 대구스타디움(대구월드컵경기장)을 대신해 새롭게 지어진 DGB대구은행파크의 줄임말이다. 대구FC는 2019년 3월 대팍으로 홈구장을 옮기면서 흥행 열풍을 일으킨다. 1만2000석 규모의 축구전용구장인 대팍은 이전의 대구스타디움보다 5만 석 이상 좌석을 줄였다. 또 그라운드와 관람석 거리를 7미터 정도로 가깝게 설계해 선수들의 거친 숨소리까지 생생하게 들을 수 있게 했다. 이는 대팍

대구FC 설립에 참여한 4만 8000여 명 주주를 위해 조성된 주주동산.

2021년 우즈베키스탄에서 열린 ACL I조 필리핀 팀과의 경기에서 선제골을 넣은 대구FC 세징야(오른쪽)가 이근호(왼쪽)와 함께 '설탕 커피 세리머니'를 하는 모습.

이 팬들을 위한 경기장이라는 점을 증명한다.

대팍의 관중석 바닥은 경량 알루미늄 패널로 만들어졌다. 그래서 관중들이 선수들의 움직임에 맞춰 발을 구르면 알루미늄 바닥을 통해 '쿵~쿵~' 소리가 울려 퍼진다. 이 소리는 선수와 관중 모두를 흥분시키고 최고의 몰입감을 선사한다. 그리고 자연스럽게 대구FC의 새로운 트레이드 마크 "쿵쿵~ 골~" 하고 펼쳐지는 발 구르기 응원이 탄생하게 된다. 이는 기존 철근 콘크리트 구조에서는 상상도 할 수 없는 모습이다.

대구FC는 2019년 변화된 경기장과 팬들의 성원 그리고 선수들의 열정까지 더해지면서 창단 이래 최고 순위인 3위를 기록한다. 이후 시민구단 최초로 3시즌 연속 파이널 A에 올랐고 2년 연속 아시아 무대를 노크하며 명실상부 강팀으로 거듭났다. 대구의 자랑을 넘어 K리그 문화를 선도하는 팀이 된다.

대구FC는 재정적으로 넉넉지 않은 시민구단인 탓에 20년이 넘는 역사에도 많은 스타 플레이어를 보유하지는 못했다. 시민구단이 부자구단과의 머니 게임에서 스타 선수나 능력 있는 선수를 지켜내기가 매우 어려웠기 때문이다. 대구FC를 거쳐 간 스타 플레이어는 이근호, 조현우, 세징야 등이 있다.

스포츠를 좋아하는 사람이라면 응원하는 팀이 우승하는 것만큼 짜릿한 순간은 없을 것이다. 나를 포함한 대구 시민들은 대구FC가 창단할 때부터 응원하고 오랜 시간을 기다려 첫 우승을 지켜보았다. 이제 남은 한 가지 꿈은 첫 리그 우승이다. 시민구단은 재정이 열악해 리그 우승은 하늘의 별따기라고 한다. 하지만 나는 꿈은 이루어진다고 강하게 믿고 있다. 언제가 될지는 모르겠지만 대구FC 선수들과 대구 시민들이 함께 동화 같은 이야기를 써 내려가며 리그 우승을 차지하는 날이 오기를 손꼽아 기다린다.

도심 속 오아시스
수성못 유원지

랜드마크(landmark)는 글자 그대로 멀리서도 보이는, 그 지역 하면 가장 먼저 떠오르는 자연물이나 인공 구조물을 말한다. 나는 랜드마크란 고정되기보다는 사람들로 하여금 지속적으로 기대하게 만드는 자연물이나 구조물이어야 한다고 생각한다. 여기에 가장 잘 부합되는 것이 대구의 오아시스 '수성못'이 아닐까 싶다.

대구광역시 수성구 두산동에 위치한 수성못의 둘레는 2킬로미터 정도인데, 4면으로는 각기 다른 환경적 요인과 경관을 지닌다. 북쪽은 못둑길, 들안길로 일컫는 식당 동네로 이어진다. 동쪽은 카페길과 지산동, 범물동의 아파트 주거단지로 주민들의 산책길이 된다. 남쪽은 용지봉 자락으로 이어지고 서쪽은 앞산의 수려한 산세, 일몰 경관을 바라볼 수 있다. 나는 20년 가까이 수성못 동쪽의 지산동에서 살았다. 그래서인지 내 마음

속 대구 넘버원 랜드마크는 수성못이고, 수성못의 흥망성쇠를 그 누구보다 자신 있게 말할 수 있다.

대구는 과거 북구에 배자못, 남구에 영선못, 달서구에 감삼못, 서구에 날뫼못, 수성구에 범어못 등 큰 호수가 많았다. 이 호수들은 1970~1980년대 도시 확장과 현대화의 바람에 밀려 모두 매몰되었고, 현재는 달서구의 성당못과 수성구의 수성못만 남아 있다. 성당못은 전체 면적의 70퍼센트 가량이 매립된 탓에 사실은 잔해만 남아 있는 상태다. 수성못은 다른 못들과는 다르게 처음보다 커졌고, 지금도 온전한 풍광을 유지한 채 사람들의 사랑을 듬뿍 받고 있다. 여기서 '처음보다 커졌다'는 사실에 주목해야 한다.

수성못은 조선 시대에는 둔동제라고 불렸다. 정확한 건립 연도는 알 수 없지만 조선 초기에 편찬된《세종실록지리지》에 대구군에 큰 제방이 4개 있다고 나오는데 그중 하나가 '둔동'이다. 조선 후기 영조 때 편찬된《대구읍지》에 '둔동제'가 수동(현 범물동 일대)에 있으며 둘레가 1429척(433미터)이고 수심이 7척(2미터)이라고 기술되어 있다.

오늘날의 수성못은 일제 강점기 때 개척 농민 자격으로 건너온 미즈사키 린타로라는 일본인이 만든 저수지다. 수성구 농민들은 원래 대구를 남북으로 가로지르는 하천인 신천에서 농업용수를 끌어다 썼다. 그런데 1923년 대구 상수도 확장 공사가 결정되고 신천 물이 상수도로 쓰이면서 농업용수가 절대적으로 부족해졌다. 이때 미즈사키 린타로는 농업용수 확보를 위해 진희규 등 조선인 네 명과 함께 수성수리조합을 세워 수성못 축조에 나섰다. 그는 조선총독부를 찾아가 총독과 담판 끝에 사업지원금 1만2000엔, 지금 돈으로 100억 원 정도를 지원받는다. 1924년 공사가 시작되어 3년만인 1927년 지금 규모로 확대 개축한다. 현대적 시설을 갖춘 수성못은 조선 시대 둔동제에 비해 4배 이상 커졌고, 대구 농민들에게도 큰 도움을 주었다.

화훼농장을 운영해 농장 경영인으로 성공한 미즈사키 린타로는 1939년 세상을 떠나기 전까지 수성못의 물을 관리하다가 임종을 맞아 "내가 죽으면 수성못이 잘 보이는 곳에 묻어달라"는 유언을 남겼다. 그에게 수성못은 죽어서도 곁에 두고 싶은 존재였던 것이다. 그의 묘는 수성못 남쪽으로 약 300미터 떨어진 곳에 지금도 남아 있다. 현재 한일친선교류회가 묘지를 관리하고 매년 기일에 맞춰 추도식을 거행한다. 미즈사키 린타로가 비록 일본인 지주였지만 한국의 농민들을 생각해 수성못을 축조했다는 이유에서다. 소작농이 대부분이었던 농민을 상대로 물세 등을 받았던 일본인 지주를 추앙하는 것은 바람직하지 않다는 논쟁도 있지만, 그가 축조한 수성못이 지금까지 대구 사람들에게 추억과 낭만을 선사하고 있는 것은 사실이다.

새로 축조된 수성못은 100년 가까운 세월을 거치면서 대구의 대표적인 유원지가 된다. 대구 사람들은 이곳에 얽힌 추억을 하나쯤 갖고 있다. 1970~1980년대 소풍을 간다면 항상 후보지에 수성못이 들어갔다. 아이들은 지금은 들안길먹거리타운이 되어버린 수성들을 뛰어다니며 메뚜기를 잡았고, 겨울철에 물이 꽁꽁 얼면 수성못은 썰매장, 스케이트장이 되었다. 1993년에는 수성못에 수성랜드라는 작은 놀이공원이 생겨 가족 나들이객과 연인들이 즐겨 찾았다.

1980~1990년대에는 생활하수 유입과 쓰레기 무단투기, 포장마차 영업 등으로 환경이 무질서해져 나를 포함한 동네 주민들이나 찾는 곳이 되었다. 그러다 1990년대 중반부터 환경개선 사업을 시작한다. 2001년 한일 월드컵을 앞두고 포장마차가 정비되었고 2007년 수성못 중앙에 길이 90미터, 폭 12미터, 물줄기 높이 70미터인 전국 최고 수준의 영상음악분수가 준공된다. 영상음악분수는 5월부터 10월까지 매일 2회 야간에 공연하는데 클래식과 팝을 넘나드는 음악과 레이저쇼, 화려한 워터스크린 영상을 통해 수성못의 야경을 환상적으로 만들어 준다. 2013년부터는 수성못 페스티벌이 개최되어 대구의 대표 축제로 자리잡는다. 2015년 도시철도 3호선이 개통되면서 수성못을 찾는 사람은 더욱 늘어났고, 주변에 커피숍과 카페 등이 들어서 대구 핫플레이스가 된다.

유원지가 된 수성못은 대구에서 가장 산책하기 좋은 곳으로 손꼽힌다. 못을 따라 둥글게 조성된 둘레길은 아스팔트나 콘크리트가 아닌 흙으로 조성해 오래 걸어도 힘들지 않다. 한 바퀴 도는 데 40분 정도 걸린다. 이상화 시인을 기린 상화동산 내에 조성된 시문학거리를 걸으며 한국 근대문학의 주역들을 만나볼 수도 있다. 또 유동 인구가 많아지고, 버스킹에 적합한 무대가 갖춰지면서 대구 버스킹의 성지가 되었다. 평일 주말 상관없이 1인 음악가부터 밴드, 통기타, 댄스 공연까지 다양한 버스킹이 열린다. 2020년에는 JTBC 음악 프로그램 '비긴 어게인 코리아'도 촬영했다.

예나 지금이나 수성못의 인기 코너이자 진짜 매력은 오리배다. 나를 비롯한 과거 수성못을 기억하는 대구 사람들은 썸녀 또는 연인, 사랑하는 가족들과 이곳에서 오리배를 탔던 추억이 있을 것이다. 2016년부터는 오리배를 자정 12시까지 야간 운행하고 있다. 나는 아직 야간에는 타보지 못했지만 지인들의 이야기를 빌리면 노을 질 무렵에 반짝이는 수성못의 모습이 절로 로맨틱한 분위기를 만들어 이성과 함께 있다면 사랑에 빠질 수밖에 없다고 한다.

수성못 아래 들판이었던 곳에 아파트와 빌딩, 상가들이 들어서면서 새로운 도시가 만들어졌다. 도시 계획으로 급격한 변화가 일어났지만 수성못은 그 자리에 남아 다양한 매력을 만들며 연간 1만 명이 찾는 도심 속 오아시스가 되었다. 1990년대부터 수성못을 지켜본 나로서는 이러한 변화가 그저 놀라울 뿐이다. 앞으로도 수성못은 또 다른 매력을 만들어낼 것이다. 그리고 대구뿐만 아니라 대한민국을 대표하는 랜드마크로 정착되는 날이 올 것이다.

1940년대 수성못.

1960년대 수성못.

오늘날 수성못.

대구에서 체험하는 가장 근사한 맛

막창구이

대한민국에 널리 알려진 음식들은 하나같이 지역명을 쓴다. 전주비빔밥, 나주곰탕, 안동찜닭, 부산돼지국밥, 영덕대게, 평양냉면 등이 대표적이다. 이는 지역의 대표 음식 문화가 하나의 브랜드로 발전한 것이다. 이 음식들은 먹지 않아도 어떤 재료로 어떻게 만들었는지, 심지어 모양이나 맛까지 떠올리고 상상할 수 있다.

최근 대구에서 브랜드화되고 있는 음식은 '막창구이'다. 대구 토박이한테만 익숙했던 막창구이는 인기가 높아지면서 이제 전국 어디에서나 '대구막창' 간판을 내건 가게를 볼 수 있다. 대구는 막창구이가 처음 시작된 도시답게 경북대 복현오거리 막창 골목, 서부터미널 막창 골목, 수성구 들안길의 먹거리길, 안지랑 곱창막창 골목 등 막창만 파는 식당가가 생겨났다.

대구의 막창구이는 도축장을 중심으로 발전해 왔다. 1969년 현재 대구광역시 달서구 성당동 두류수영장 자리에 '신흥산업'이라는 도축전문법인이 개업하고 이듬해인 1970년에 시립도축장이 된다. 도축장에서 소와 돼지의 부산물이 많이 나오면서 내장을 이용한 음식이 개발되기 시작했다. 그중 하나가 막창구이였다.

원래 막창은 곰탕의 국물 맛을 진하게 하는 재료 정도로 사용되었다. 그러다가 1970년대 초 대구 남구 대명동에 간판도 없이 소고기 부산물과 함께 술을 파는 선술집에서 막창구이가 탄생한다. 처음에는 곱창전골과 유사한 '막창탕'을 선보였는데 술손님들로부터 좋은 반응을 얻지 못한다. 그래서 막창을 프라이팬에 구워 팔았는데 기름도 빠지지 않고 느끼한 맛이 강했다고 한다. 이때 대단한 발상의 전환이 나온다. 막창을 연탄불 위에 석쇠를 얹고 구워 된장 소스를 곁들여 술안주로 내었고, 엄청난 인기를 얻게 된다. 이후 다른 가게들로 조리법이 퍼져 막창구이는 대구 최고의 인기 술안주가 된다.

나는 한 학문을 오래 공부해서인지 아는 만큼 보인다는 말을 신봉한다. 이와 유사하게 아는 만큼 진정한 맛을 느낄 수 있다고 생각한다. 막창구이를 좀 더 맛있게 먹으려면 소막창과 돼지막창의 차이를 알 필요가 있다. 실제로 막창을 즐겨 먹는 사람도 소막창과 돼지막창을 구분하지 못하는 경우가 부지기수다. 소막창과 돼지막창은 엄연히 다르다.

소막창은 소의 네 번째 위장을 뜻한다. 마지막 위라는 의미에서 '막창'이라는 이름이 붙었으며, 붉은 기운이 있어 '홍창'으로 부르기도 한다. 소막창은 소 한 마리에서 약 200~400그램 정도만 나오는 특수 부위다. 생김새가 쭈글쭈글해서 기피하기도 하지만 그 맛이 좋아 소의 다른 내장인 양, 벌양, 천엽보다 인기가 많다. 돼지막창은 돼지 창자의 마지막 부분으로 항문에 이르는 직장 부위를 말한다. 한 마리에서 250~300그램 정도만 나오는 귀한 부위로, 기름기가 적고 식감이 찰지고 쫄깃쫄깃하지만 냄새가 심해 깨끗하게 세척해야 한다. 소막창과 돼지막창은 막창이라는 명칭은 같지만 부위는 서로 다른 것이다.

대구에서 소막창은 1975년 이후 단독 음식으로 유행을 타기 시작한다. 돼지막창은 그보다 10여 년 늦은 1987년 무렵부터 단독 음식으로 판매된다. 요즘은 소막창보다 돼지막창이 더 인기가 많다. 소막창은 공급량이 적고 특수 부위라 한우 전문점 같은 곳에 가야만 맛을 볼 수 있다. 반면 돼지막창은 소막창보다 훨씬 저렴한 가격에 즐길 수 있고, 질긴 맛이 덜하면서 고소함도 일품이라 젊은이들이 많이 찾는다. 그래서 요새 막창구이라 하면 돼지막창을 생각하면 된다.

가게에서 판매하는 막창구이는 생막창과 삶은 막창으로 구분된다. 날것을 불에 구워 먹는 생막창은 고소하고 쫀득한 식감이 일품이지만, 날것을 조리하다 보니 돼지 특유의 잡냄새를

다 잡을 수가 없다. 유행처럼 번졌던 생막창의 인기가 주춤해진 이유도 이 냄새 때문이다. 주변에 생막창을 즐기는 사람이 있다면 진정한 막창 마니아라고 불러도 될 것이다.

이제 막창을 맛있게 먹을 차례인데 딱 두 가지만 신경 쓰면 된다. 당연한 소리지만 잘 구워야 한다. 막창은 최상의 상태로 구워내기가 그리 쉽지 않다. 연한 갈색이 될 때까지 모든 면을 바싹 구워야 하고, 잠시 한눈을 팔면 쉽게 타버리기 때문에 조금씩 올려 구워야 한다. 비위가 약해 냄새를 견디지 못하겠다면 삶은 막창을 선택하는 게 좋다.

숯불에서 겉이 바삭하게 구워져 노릇노릇 기름기가 흐르면 된장 소스에 흠뻑 적셔 준다. 대구 막창구이의 독특한 맛을 완성하는 것은 이 된장 소스다. 서울 사람들이 즐기는 왕십리 막창은 고추장 양념을 버무려 연탄불에 굽지만 대구 막창은 숯불에 노릇하게 구운 다음 된장 소스를 찍어 먹는다.

된장 소스는 흔히 풋고추를 찍어 먹는 일반 된장과 다르게 질감이 묽다. 재래식 된장에 마늘, 메줏가루, 설탕 등 각종 재료를 혼합해 만든 소스에 찍어 먹기도 하고, 기호에 따라 쪽파와 청양고추를 곁들이기도 한다. 이 소스가 막창의 비린 맛을 완벽하게 잡고 육질을 부드럽고 담백하게 한다. 대구의 유명 막창구이집들은 땅콩을 잘게 빻아 넣거나 과일즙을 첨가하는 등 저마다의 비법으로 소스를 만들어 맛이 다 다르다. 그래서 대구 막창은 특정 가게를 맛집으로 소개하기가 쉽지 않다.

대구 막창을 된장 소스 듬뿍 찍어 먹을 때마다 숯 향이 고루 밴 쫄깃한 육질과 구수한 소스가 이렇게 잘 어우러질 수 있는지 절로 감탄이 나온다. 이어서 곧바로 소주 생각이 간절해진다. 왜 막창구이와 소주가 천생연분, 환상적인 파트너, 최고의 궁합인지 바로 이해가 된다. 작은 테이블에 마주앉아 소주와 함께 먹는 막창구이가 대구에서 체험하는 가장 근사한 맛이 될 것이다.

대구 안지랑 곱창 골목.

매운 맛 속에 담긴 지혜

동인동 찜갈비 골목

대구에는 따로국밥이나 신천떡볶이, 곱창전골, 닭똥집, 막창구이 등 다양한 먹거리 골목이 있다. 그중 화끈하고 매운 맛을 즐기고 싶다면 동인동 찜갈비 골목으로 가야 한다. 이곳에서는 주변에서 쉽게 만날 수 있는 매운 음식인 떡볶이, 짬뽕, 비빔냉면 등과 달리 좀 더 특별한 매운맛을 만날 수 있다.

대구는 우리나라에서 가장 더운 여름을 보내야 하는 곳이라서 상하기 쉬운 음식에 강한 양념을 가미해 보관했고, 자연스레 타지방보다 자극적인 맛의 음식이 발달했다. '찜갈비' 역시 그중 하나다.

찜갈비라는 이름이 이상하게 들릴 수 있다. 갈비찜에 익숙한 귀에는 같은 음식인데 찜과 갈비의 순서를 바꿔 부르는가 싶기도 하다. 하지만 두 음식은 각각 개성이 뚜렷해 비교할 수 없는, 전혀 다른 음식이다. 갈비찜은 간장 위주 양념으로 조린

후 달콤한 맛을 더한 고동색 음식이고, 찜갈비는 기름기를 제거하고 간만 맞춰 쪄둔 갈비를 고추와 마늘 위주 양념으로 매콤하게 조리한 적갈색 음식이다. 찜갈비는 대구의 열기가 음식에 녹아든 화끈한 음식인 셈이다.

찜갈비의 유래는 각양각색이지만 흥미로운 공통점이 있다. 1960년대 허름한 술집에서 탄생했다는 배경과 안주라는 태생이다. 한 유래는 대폿집에서 매콤한 안주를 해달라는 손님의 요구에 식당에 있던 재료로 만든 것이 원형이라고 전한다. 다른 유래는 얼큰한 맛을 좋아하는 남편을 위해 만든 안주였다고 전한다. 그렇게 탄생한 찜갈비가 지금까지 이어져 대구를 대표하는 10미 중 하나로 자리 잡았다.

찜갈비에는 더운 날씨에 음식이 빨리 상하지 않게 하려는 대구 사람들의 지혜가 담겨 있다.

동인동에서 찜갈비를 주문하면 다 찌그러진 양은냄비에 새빨간 양념 범벅을 한 상태로 김을 모락모락 피우며 식탁 위에 올려준다. 외지인들이 보면 이게 무슨 맛이 있겠냐 싶지만 코끝을 스치는 알싸한 냄새를 맡으면 입안에서 나도 모르게 군침이 싹 돈다. 찜갈비의 매력은 뭐니 뭐니 해도 매운맛이다. 그렇다고 무작정 맵기만 한 음식과 비교하면 안 된다. 우선 갈비에서 부드럽게 발라지는 살집부터 입맛을 돋운다. 알갱이가 크게 보일 정도로 갈아서 듬뿍 넣은 마늘과 어우러진 고춧가루 양념은 달큼하면서도 매운맛이 난다. 그래서 갈비찜은 조금 느끼할 수 있지만 찜갈비는 오히려 시원한 맛이 난다.

맵찔이라도 걱정할 필요는 없다. 찜갈비는 입맛 따라 매운맛과 중간 맛, 안 매운 맛으로 조절할 수도 있다. 상추와 깻잎은 기본이고 백김치가 제공되어 매운맛을 줄여 준다. 덜 매워도 찜갈비의 매력은 그대로 즐길 수 있다.

찜갈비는 1960년대 중반 탄생해 1970년대 전후로 지금과 같은 찜갈비 골목이 형성되었다. 이 시기 갈비를 자르기 위해 도끼를 사용했는데, 부러진 도끼날이 찜갈비 안에 섞여 나오는 일이 있었다는 웃지 못할 에피소드도 있다. 1980년대부터 찜갈비 골목의 인기가 높아졌고, 지금은 전국의 미식가들이 맛투어 장소로 찾아온다. 현재 가게 수는 12곳이다. 계절을 타는 음식이 아니어서 끼니때면 골목 안이 시끌벅적해진다. 최근 몇 년 동안 지상파 방송과 케이블 먹방 프로그램에서 대구 맛집 골목으로 소개되면서 외지인들의 발길이 많아지고 있다.

동인동 골목 찜갈비의 시그니처는 찌그러진 양은냄비다. 왜 소갈비찜을 양은냄비에 담아 대접했을까? 식당 사장들은 무슨 이유가 따로 있는 게 아니고, 처음 장사를 했던 1960년대에 양은냄비밖에 없었기에 쪄서 곧바로 손님에게 대접했던 게 자연스럽게 굳어진 것이라 했다. 한때 찌그러진 냄비가 불결해 보인다고 좋은 그릇으로 바꾼 적이 있었다. 2003년 대구 유니버시아드 대회를 앞두고 외국 손님들이 식당에 올 것에 대비해 대구시가 주도해 찌그러진 양은냄비를 쓰지 못하게 규제한 적도 있다. 하지만 손님들이 양은냄비에 담지 않으면 찜갈비 맛이 제대로 안 난다고 불평해 다시 양은냄비를 사용했다고 한다.

동인동 찜갈비 골목.

동인동 찜갈비 골목은 전국 최초 '착한 골목'으로 지정된다. 골목에 있는 모든 찜갈비 가게가 매달 일정 금액을 사회복지공동모금회에 기부하고 있기 때문이다. 어려운 이웃에게 정기적으로 성금을 기부하는 가게를 '착한 가게'라고 하는데 이곳은 모든 가게가 동참해 '착한 골목'이라는 타이틀을 얻었다. 더운 지방에서 음식이 쉬 상하지 않게 하려는 지혜가 담긴 매운맛, 골목 가게의 사장님 전부가 어려운 이웃에게 기부하는 착한 마음. 동인동 찜갈비 골목에 가지 않을 수 없는 이유다.

단순한 재료로 서민의 배를 채워준
납작만두

서울에서 10년 넘게 살다 보니 서울 지인들로부터 자주 듣는 말이 있다. "동진아, 나 이번에 대구 가는데 꼭 먹어야 할 음식이 뭐 있을까?" 이때 추천하면 맛에 대한 평가가 엇갈리는 향토 음식이 납작만두다.

만두 종주국 중국에는 크게 세 종류의 만두가 있다. 찐빵처럼 고기나 채소, 팥 같은 소를 넣은 바오쯔, 물만두와 비슷한 피에 소를 채워 넣은 자오쯔, 소 없이 반찬을 곁들여 먹는 만터우다. 우리나라에서 만두는 김치, 돼지고기, 새우, 두부, 부추, 파 등 다양한 식재료와 양념으로 배합한 소를 넣어 만들어 김치만두, 고기만두 식으로 주재료의 이름을 붙인다. 그런데 대구의 납작만두는 어떤 유형에도 속하지 않는다.

납작만두는 '납작'이라는 이름처럼 만두 속이 비치는 얇은 밀가루 피 안에 다진 당면과 약간의 파, 부추 등을 넣고 부침개처럼 부친다. 이를 처음 본 외지 사람들은 "속에 든 것도 없는 납작만두를 왜 먹는지 모르겠다." "만두피에 야채를 싸 먹는 음식인가요?" 등의 말을 자주 한다.

납작만두의 진정한 맛은 기름에 튀기듯 구워 잘게 썬 파, 고춧가루, 짜지 않은 간장 양념에 곁들여 먹을 때 나온다. 톡 쏘는 대파향과 간장의 짭조름한 맛이 만두와 어울려 아주 별미다. 재료가 단순하고 맛이 깔끔해 우동, 쫄면, 떡볶이 등 다른 음식과도 잘 어우러진다. 만두 스스로 주인공이 되기도, 때에 따라서는 조연 역할도 하는 음식이다.

납작만두의 탄생 배경에는 여러 설이 있다. 납득할 만한 이야기는 6·25 전쟁 이후 저렴하고 구하기 쉬운 밀가루로 만두피를 만들었지만 만두소로 쓸 재료가 마땅치 않자 보관이 쉽고

납작만두.

씹는 맛을 낼 수 있는 당면을 넣으면서 시작되었다는 것이다. 값싸고 흔한 밀가루에 질감이 다른 당면을 넣어 씹는 맛을 내고 간장으로 간을 맞추는 납작만두는 배고픈 서민들에게 포만감을 안겨주었다. 태생 자체가 가난한 사람들에게 맞춘 음식이다 보니 거지나 먹을 음식이라는 뜻의 '결베이 만두' 로 불리기도 했다. 대구와 경북 지역에서는 거지를 '걸뱅이'라고 하는데 빨리 발음하면 '결베이'가 된다. 연세가 많은 어르신들은 '납딱만두'라 부르기도 한다.

납작만두는 1963년 지금의 대구 중구 남산동 남산초등학교 맞은편에 개업한 미성당에서 처음 판매했다. 미성당 본점은 남산동 일대가 재개발에 들어가면서 2019년 대명동 계대(계명대) 정문 건너편 신축 건물에 재오픈을 했다. 만형 격인 미성당과 남문시장 내 남문 납작만두를 비롯해 서문시장과 교동시장

미성당 납작만두가 구워지는 모습.

에서 성업 중인 30년 이상 된 가게 4~5곳에서 납작만두를 맛볼 수 있다.

대구에서 납작만두를 만드는 곳이 여러 군데이다 보니 저마다 조금씩 다른 특징을 보인다. 미성당의 납작만두는 파, 부추, 당면 3가지만 들어간다. 남문시장은 당면과 부추, 당근, 파 등 6가지 채소를 넣는다. 교동시장은 얇은 피에 아주 소량의 부추만 넣고, 서문시장은 납작만두에서 파생된 삼각만두가 인기를 끌고 있다.

만드는 방식과 재료의 차이로 인해 맛과 식감에서 미묘한 차이가 있지만, 쫀득하면서도 바삭하고 고소하면서도 담백한 만두피의 맛으로 먹는다는 것은 똑같다. 개인적으로는 미성당 납작만두를 가장 좋아한다. 부모님께서 자주 데리고 가다 보니 자연스럽게 좋아하게 된 듯하다. 운이 좋으면 사장님이 직접 구운 납작만두를 먹을 수 있는데, 흔히 말하는 손맛 차이인지 모르겠지만 사장님이 구워줄 때가 가장 맛났던 것 같다.

대구에서 납작만두 가게를 방문하면 눈과 입이 즐거워질 것이다. 종이만큼 얇은 만두피를 찢어지지 않게 굽는 모습, 구워진 만두피 위에 파를 띄운 간장에 고춧가루를 넣어 얹어 먹거나 한꺼번에 뿌려 먹는 재미, 소박한 맛의 즐거움이 밀려올 것이다.

치맥페스티벌이 열리는
치킨의 성지

대한민국 국민 모두가 사랑하는, 하늘이 내린 최고의 음식 조합이 무엇일까? 나는 망설임 없이 바삭한 치킨과 시원한 맥주를 함께 먹는 '치맥'을 꼽는다. 언제부터인가 치맥은 회사 일에 지친 직장인, 육아에 지친 주부, 썸에 지친 젊은이 등 우리의 몸과 영혼을 보듬는 소울 푸드가 되었다. 오죽하면 '치느님'이라는 신조어가 만들어졌겠는가.

공정거래위원회에 따르면 2020년 기준 치킨 가맹점 수는 약 2만6000개로 외식 프랜차이즈 중 가장 많다고 한다. 대한민국의 치킨 가게가 전 세계 맥도날드 매장 수보다 많다고 인터넷에서 화제가 된 적도 있다. 여기서 놀라운 사실이 하나 있다. 대한민국 치킨의 성지가 대구라는 것이다.

대구와 닭의 인연은 생각보다 깊다. 대구는 예전에 달구벌로 불렸는데 그 의미에 대한 흥미로운 설 중에 하나가 '달구'

가 '닭'의 방언이라는 견해다. 경상도 방언으로 '닭이'를 '달기' 라고 발음한다. 실제로 조부모님이 닭을 달구라고 불렀던 것으로 보아 어느 정도 일리가 있다고 생각한다. 그렇다면 달구벌은 '닭이 많은 평야', '닭의 평야' 정도로 해석할 수 있다. 과거 대구는 닭을 정말 많이 기르던 초기 국가였거나 닭을 토템으로 삼은 국가는 아니었을까.

대구와 닭의 유별난 인연은 여러 기록을 통해서도 확인할 수 있다. 1907년 제작된 지도인 '대구시가전도'에는 조선 3대 시장으로 불리던 서문시장이 나온다. 서문시장에 '계전곡(鷄廛谷, 닭가게 골목)'으로 표시된 부분이 있는데 규모가 전체 시장의 30퍼센트 이상을 차지할 정도로 넓다. 닭 시장은 세월이 흐르면서 크게 쇠퇴했지만 2012년까지 서문시장 2지구 뒤편에 존재했었다. 지금은 완전히 사라진 상태다.

6·25 전쟁 이후 수성구 황금동 일대에 양계농장과 부화장, 도계장이 들어서면서 닭 산업의 기반이 마련된다. 대구와 구미, 포항 등지에 닭 소비 인구가 많았기 때문이다. 지금은 많이 쇠퇴했지만, 대한양계협회에 따르면 10만 마리 이상을 사육하는 양계장이 대구·경북 지역에 10여 곳 있다고 한다. 사육 규모는 경기도와 충남·전북 다음으로 크다.

1970년대 대구 인근 경북 의성·청도·경산을 중심으로 유명 양계장이 대규모로 들어섰고, 대구는 칠성시장을 중심으로 계육가공회사가 생겼다. 이러한 배경 속에 닭을 재료로 하는 음식 거리가 본격적으로 대구에 형성되기 시작했다. 칠성시장 청과물상가 주변으로 닭내장 볶음집, 수성못 주변에는 닭발집, 동구 평화시장에는 닭똥집(닭모래주머니) 골목이 만들어졌다. 닭똥집 골목은 현재도 명성을 이어가고 있다.

그래도 대구가 치킨의 성지라고 하기에는 부족하다는 사람이 있을 것이다. 그렇다면 결정적인 증거를 보여주도록 하겠다. 대구는 누구나 한 번쯤 먹거나 들어본 적이 있는 교촌치킨과 처갓집양념치킨, 멕시카나, 호식이두마리치킨, 땅땅치킨, 멕시칸치킨, 부어치킨 등 유명 국내 치킨 프랜차이즈의 고향이다.

대한민국 치킨 업계 1위 교촌치킨의 창업주 권원강 회장은 대구 출신으로 1991년 대구와 인접한 경북 구미에서 10평 남짓 작은 치킨집 '교촌통닭'을 차렸다. 오늘날 교촌치킨을 먹여 살리는 '교촌 오리지날' 메뉴도 이때 개발했다. 1995년 대구 태전동에 사무실을 마련하고 본격적인 프랜차이즈화에 나서 지금의 자리에 오르게 된다.

20년 넘게 사랑받고 있는 멕시카나도 1987년 대구·경북 지역에서 작은 치킨집으로 시작해 성공한 뒤 1991년 서울로 진출했고 2004년에 본사를 서울로 옮겼다. 이후 1988년에 시작된 양념통닭 1인자 처갓집양념치킨과 1999년 두 마리 치킨이라는 새로운 전략으로 시장을 장악했던 호식이두마리치킨의 고향도 대구다.

대형 프랜차이즈 브랜드를 제외하고도 대구에는 '3대 통닭집'으로 불리는 가게들이 있다. 대구 번화가인 동성로 한가운데 있는 원주통닭, 반월당의 뉴욕통닭, 남문시장의 진주통닭 등을 말한다. 모두 40년 이상의 전통을 자랑하는 가게다. 분명

대구 3대 통닭집.

히 한 군데만 추천해 달라는 사람이 있을 것이다. 확실하게 말할 수 있는 것은 세 곳 모두 맛있지만 스타일이 완전히 다르다. 원주통닭은 잘게 조각낸 닭에 튀김옷을 입혀 바삭하게 튀겨내고, 뉴욕통닭은 양념통닭이 마치 강정을 씹는 듯 고소하고 달콤하며, 진주통닭은 염지(소금 밑간)를 거의 하지 않은 생닭을 사용해 닭고기 특유의 고소한 맛을 품고 있다. 우리 가족만 해도 나는 뉴욕통닭, 부모님은 진주통닭, 남동생은 원주통닭을 선호한다. 어떤 곳을 가더라도 한 번 맛보면 도무지 그 맛을 잊지 못해 계속 생각날 것이다.

대구는 탄탄한 기반의 치킨 산업과 역사성까지 갖춘 지역답게 매년 여름 두류공원에서 치맥페스티벌이 열린다. 맛있는 치킨과 시원한 맥주를 마음껏 즐기며 가수들의 공연을 관람할 수 있다. 유명 치킨 프랜차이즈들이 참여하기 때문에 다양한 치킨을 한자리에서 골고루 맛볼 수 있는 절호의 기회이기도 하다. 2013년 제1회 치맥페스티벌 당시 총 27만 명의 관람객을 동원했고, 5년 후에는 총 관람객 100만 명 이상, 외국인 관람객 10만 명 이상으로 집계될 만큼 큰 축제로 자리 잡았다.

대구에서는 치킨뿐만 아니라 닭똥집, 매운닭발, 닭내장볶음 등 닭의 부산물을 이용한 다채로운 요리도 만날 수 있다. 치맥페스티벌이 아니라도 향기로운 닭요리 한 점에 시원한 맥주 한 모금을 들이키면 '이게 천국이지'라는 말이 절로 나올 것이다.

꽃향기만 남기고 갔단다
사과 없는 사과의 고장

특산물은 기온이나 일교차, 지리적 특성 덕택에 해당 지역에서만 재배되거나 특별한 맛을 지녔기 때문에 귀한 대접을 받으며 인기를 끈다. 대구 특산물하면 자연스럽게 사과가 떠오를 것이다. '사과=대구'라는 공식은 학창 시절 배웠던 사회 교과의 영향이 크지 않을까 싶다. 교과서에서 우리나라 특산품을 다루는 단원을 보면 어김없이 사과는 대구, 인삼은 강화·풍기·금산, 딸기는 논산, 감귤은 제주 식으로 수학 공식처럼 다루고, 시험 문제로도 출제가 된다.

지금 사회 교과서에도 대구의 특산물은 어김없이 사과다. 하지만 현실은 대구 사과의 명성이 사라진 지 오래다. 대구가 서울, 부산의 뒤를 잇는 거대 도시로 성장하면서 구릉이며 농경지였던 땅은 시가지로 바뀌었고, 사과나무가 있던 곳은 거대한 상가나 아파트가 들어섰기 때문이다.

오늘날 대구에 남은 사과 재배는 해발 평균 350미터인 팔공

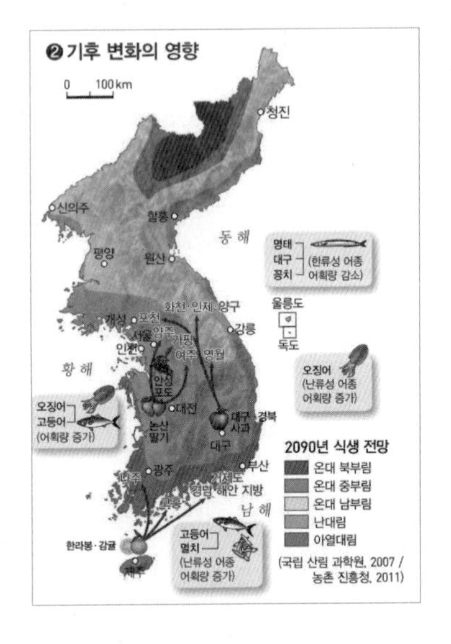

사회 교과서 속
대구 특산물 사과.

산 자락의 평광동 일대에서 조금 이루어지는 정도다. 대신 대구 근교의 경산, 청송, 영천, 칠곡 등지에서 많이 재배한다. '대구능금'*이라는 상표도 1979년부터 '경북능금'으로 바뀌었다.

특산물은 사라졌지만 대구를 이야기할 때 사과를 빼놓을 수는 없다. 사과는 대구 근대 농업 경제의 한 축을 담당했고 해방 이후에는 대구 경제를 대표하는 중요한 생산물이었다. 우리나라 사과 역사에서도 매우 중요한 위치를 차지했다.

* 사과와 능금은 다른 과일이다. 대구 특산물로 명성을 얻은 과일은 사과지만 중국식 표기인 '사과(沙果)'와 구별하기 위해 능금이라는 이름을 썼다고 한다.

대구에서 사과 재배는 1877~1900년 미국인 선교사 존슨과 아담스가 서양 사과나무를 가져와 심으면서 시작되었다. 서양 선교사들이 선교의 목적으로 심은 사과나무가 근대 사과 산업의 중요한 시작점이 된 것이다.

1900년 이전 대구의 특산물은 감, 호두, 석류 등이었다. 일제 강점기인 1910년대부터는 사과가 그 자리를 차지한다. 대구로 들어오는 일본인 농업 이민자들에게 사과는 큰 관심의 대상이었다. 대구는 품질이 우수하고 당도가 높은 사과를 생산할 수 있는 분지적 지형 조건을 갖추었을 뿐 아니라 천혜의 기후 조건도 가지고 있었다. 경부선과 대구역 개통으로 수송에도 유리했다. 일본인들은 일본에서 사과 묘목을 들여와 칠성동, 침산동, 동촌, 반야월, 평광 지역에 사과밭을 조성했다. 조선총독부는 경상북도과물동업조합 설립을 지원하며 과수 재배를 통한 식민지 개발 정책을 본격화했다.

대구 사람들도 1910년대부터 조금씩 사과를 재배했다. 1911년부터 금호강 연안과 동촌 하천가에 과수원이 생겼고, 1912년에는 칠곡군과 달성군에 과수조합이 결성될 정도로 번창했다. 1914년에는 중국 하얼빈에 145상자, 러시아 블라디보스톡에 150상자를 수출해 해외 판로를 개척했다.

1920년대 이후 기술적, 경영적으로 큰 변화를 겪으며 현대적 과수원을 형성하는 단계에 이르렀고, 대구 사과는 특산품

(명산품이라고도 함)으로 이름을 떨치게 된다. 1930년대에는 대구 사과 대부분이 일본으로 수출된다.

> 대구의 금호강 유역은 능금재배의 최적지로 연간 50헥타르에서 350여만 킬로그램을 생산한다. 생산액이 50만 원에 이른다. 국광, 홍옥 등은 맛이 좋아 일본 오사카, 교토, 고베 등으로 보냈다.
>
> –《대구독본》(대구부청 발행, 1937년)

이 시기 각종 대구 관련 서적 및 경제지표 자료를 살펴보면 사과를 대구의 주요 산물이자 명물로 빠짐없이 소개하고 있어 일제 강점기에 대구 경제에서 사과가 매우 중요한 생산물이었음을 알 수 있다. 특히 1925년 일본 오사카 고베 지역의 언론보도에는 '대구 사과의 독무대'라는 제목의 기사가 등장하는데, 대구에서 생산된 사과가 일본 전역을 휩쓸자 조선총독부에서도 "조선 사과의 일본 독점은 곤란하다"는 말이 나왔을 정도였다고 한다.

1940년대 대구와 경북의 한국인 사과 생산자들은 일본의 그늘에서 벗어난 독자적인 사과 생산의 필요성을 느끼며 새로운 사과나무 심기를 강행한다. 그것이 한국인 주도의 생산 기틀을 마련해 1945년 해방 이후 대구 사과는 우리나라 사과 산업을 새롭게 재건시키게 된다. 해방과 함께 일본인이 소유했던 대구의 과수원은 모두 한국인이 운영하게 되었고, 사과 재배 지역은 금호강 주변으로 더 확대되었다. 6·25 전쟁 이후에도 향상된 재배 기술을 바탕으로 축·국광·홍옥·인도·스타킹 등을 본격 생산하면서 대구 사과의 명성은 전국으로 뻗어나갔다.

1950년대 대구 사과는 홍콩, 대만, 필리핀 등에 수출되었고, 사과 산업이 우리나라의 신산업으로 부상하는 데 구심점 역할을 했다. 이 시기 대구에는 대구가 낳은 화가로 '조선의 고갱'이라 불린 이인성의 유화 〈사과나무〉, 대구 출신 아동문학가 이종택의 동시집 〈사과와 어머니〉, 대구 출신 시인 이응창이 작사하고 대구에서 활동한 성악가 권태호가 작곡한 〈능금노래〉 등 사과를 소재로 한 많은 작품이 발표되어 '사과 문화'

대구시 동구 평광동 사과나무.

가 만들어지기도 했다. 칠성시장에서는 전국에서 가장 많은 사과가 거래되면서 대구를 '청과의 도시'로 불렀다. 1960년대 초 대구 사과는 전국 생산량의 87퍼센트를 차지하며 사과의 대명사가 되었다.

그러나 '이 세상에 영원한 것은 없다'는 말처럼 대구 특산물에서 사과는 점점 그 자취를 감추게 된다. 사과나무는 서서히 고목이 되어 생산성이 떨어지고 농가의 수익성은 낮아져 갔다. 1980년대 급격한 도시화로 땅값과 인건비가 상승하자 사과밭은 더욱 줄어들고, 대구 농업 경제의 한 축이던 사과 산업은 사양길로 들어섰다. 기후 변화로 사과 재배지가 북상하자 남아 있던 재배지마저 사라지고 만다.

2070년 즈음에는 우리나라에서 강원도 일부 지역만 사과 재배가 가능할 것이라고 한다. 가까운 미래에 국산 사과를 먹기 어려워진다는 말이다. 사과 철이 오면 국산 사과를 많이 먹어둘 일이다.

제3부

도심 속
역사 산책

실패한 달구벌 천도

역사의 물줄기를 바꾸다

신라는 삼국 가운데 유일하게 한 번도 수도를 옮긴 적이 없다. 삼국 시대는 물론 통일을 거쳐 고려에게 왕조를 내어줄 때까지 줄곧 경주만을 수도로 삼았다. 천도를 안 한 것인지 못한 것인지는 알 수 없지만 시도조차 없었던 것은 아니다. 삼국 통일을 이룩한 후 새로운 수도로 옮길 계획을 세웠는데 그 대상지는 대구였다.

달구벌로 천도를 시도했으나, 실현되지 못하였다.

– 《삼국사기》 제8권 '신라본기', 신문왕 9년(689)

통일 직후 제31대 왕인 신문왕이 달구벌로 천도하려다 그만두었다는 기록은 별다른 설명 없이 전해지고 있다. 이 간단한 기록을 제외하면 어떤 문헌에서도 천도와 관련된 내용을 찾아볼 수 없다.

신라 태종 무열왕은 660년 백제를 멸망시켰다. 문무왕은 668년 고구려를 멸망시키고 676년에는 나당 전쟁을 승리로 이끌며 당의 세력을 한반도에서 몰아내고 삼국 통일을 이룩했다. 삼국 사람들이 한 나라의 백성이 된 뒤 신라 지배층의 최대 관심은 넓어진 영토를 어떻게 효율적으로 다스려 나갈 것인가였다.

신문왕은 할아버지 태종 무열왕과 아버지 문무왕이 삼국 통일을 완수하자 넓어진 영토를 9주 5소경으로 재편해 다스렸

통일신라 시대의 지방 행정 구역인 9주 5소경 지도.

다. 옛 고구려와 백제, 신라 영토를 각 3개 주씩 9개로 나누어 지방 장관을 파견하고, 수도 경주(금성)가 국토의 동남부에 치우친 것을 보완하고자 군사·행정 요충지 5곳에 소경을 설치했다. 이러한 과정 속에서 수도를 대구로 옮기려고 한 것이다. 도대체 그 이유는 무엇일까?

수도 경주가 국토 한쪽으로 너무 치우쳐 있다는 사실은 통일 이후 계속 지적된 문제였다. 따라서 5소경으로 해결되지 않는 한계성을 극복하려는 것이 표면적인 천도의 이유로 보인다. 하지만 진정한 속내는 따로 있었다. 천도를 통해 왕경의 뿌리 깊은 세력 기반을 약화시키고 왕권을 강화하고자 한 것이다.

신라는 통일 이전인 6세기 전반부터 수도 경주를 왕경 또는 왕도라고 불렀다. 이 무렵 왕경 6부(양부·사량부·모량부·본피부·사비피부·한기부)의 지배 세력과 지방 지배 세력에 대한 차별이 심했고, 7세기 중반부터는 왕경 6부의 지배 세력만 골품 신분으로 편제됐다. 골품 제도에 따라 선발이나 승진에 차별을 두었고, 지방민은 아무리 능력이 뛰어나도 고위 관리로 채용하지 않았다.

신문왕은 왕경인이라는 사실 하나만으로 여러 특권을 누리는 귀족 세력의 힘을 약화시키기 위해 천도를 필승 카드로 꺼내든 것이다. 그런데 넓고 넓은 신라 땅 가운데 왜 대구를 선택한 것일까? 신라 중앙에 위치한 충주나 한강 유역의 서울이 수도 후보지로 더 적합하지 않았을까? 신문왕은 충주, 서울 등이 본래 고구려나 백제의 영토였기 때문에 이곳으로 수도를 옮기는 것은 매우 커다란 모험으로 여겼을 것이다. 대신 경주에서 그리 멀지 않고 교통 요지이면서 행정 중심지인 대구를 눈여겨본 것이다.

대구는 신라의 수도가 될 만한 자연·지리적 요건을 충분히 갖추고 있었다. 수도는 주변 지역과 쉽게 연결되는 지리적 환경을 갖추어야 한다. 대구는 서쪽으로 낙동강, 북쪽으로 금호강이 흐르고 있어 수로 교통의 요충지다. 육로 교통도 중심지에 위치해 동서남북으로 각 지역과 연결된다. 소백산맥을 넘어 서북방과 서남방으로 진출하기도 편하다. 분지 지형이라 나성 축조를 따로 하지 않아도 주변 산성을 이용해 수도 방어가 가능했다. 농경 지대에 위치해 농업 기반을 확보하고 있다는 점도 유리하게 작용했을 것이다. 왕경 경주와 너무 멀지 않아 적정 시간에 왕래할 수 있는 것도 장점이다.

대구 천도는 추진 과정에서 번복되고 말았다. 《삼국사기》에는 천도를 못한 이유가 설명되지 않았지만 정황상 두 가지 이유를 짐작할 수 있다. 먼저 경주에 뿌리를 둔 지배층의 반발이다. 이들은 신문왕이 천도 계획을 발표하자 왕이 지배층을 대대적으로 물갈이해 왕권을 강화하려 한다고 인식하고 격렬하게 저항했을 것이다. 다른 이유는 새로운 수도 건설에 필요한 엄청난 재정을 절약하면서 천도의 효과를 얻을 수 있는 방안이 제시되었다는 것이다. 왕경의 범위를 축소해 기존의 6부 영역을 조정하는 조치였다. 방대한 왕경을 현재의 경주 시내 정도로 줄이고, 6부 영역도 축소된 왕경의 범위 안에서 새롭게 조정됐다.

신문왕이 통일 사업을 마무리한다는 차원에서 시도한 대구 천도는 실패로 끝났지만, 상당한 진척을 보인 사업이었기 때문에 역사 기록에 한 줄로나마 남을 수 있었다. 이후 신라 멸망까지 대구는 여러 군현 가운데 하나로 존재했다.

경주 신문왕릉.

천도 실패의 후유증은 70~80년 뒤 나타났다. 8세기 후반에 이르러 중앙 귀족들 사이에 왕위 쟁탈전이 치열해지면서 혜공왕이 피살되고, 150여 년 동안 20명의 왕이 바뀌는 혼란이 지속되었다. 이후 935년 경순왕이 고려에 항복하면서 신라는 멸망을 맞이한다. 신문왕의 대구 천도가 성공했다면 신라의 역사가 달라졌을까?

대구 발전의 견인차가 된

경상감영

지금으로부터 400여 년 전 대구가 비약적으로 성장하는 계기가 되었던 시설이 있다. 현재는 경상감영공원이 된 경상감영이다. 경상감영공원 입구에는 하마비가 세워져 있는데, 조선 시대에는 감영의 정문 관풍루 앞에 서 있던 것이다.

절도사보다 지위가 낮은 사람은 말에서 내려 들어오라(節度使以下皆下馬)

하마비는 조선 시대 계급 사회의 단면을 잘 보여주는 유물이다. 궁궐과 종묘, 주요 기관 앞에 세워지던 하마비가 있었다는 것은 이곳의 위상이 상당했음을 보여준다. 당시 경상감영에서는 말을 타고 출입하는 사람의 신분을 구분했는데, 절도사보다 낮은 계급은 말에서 내려야 했다. 절도사는 도의 병권을 맡아 다스리는 총지휘자로 대개 관찰사가 겸했다.

대구는 잘 알려진 바와 같이 신라 시대에 달구벌(達句伐)로 명명된 이후 경덕왕 때 행정구역을 한자 지명으로 개편할 때 그 의미를 취해 대구(大丘)가 되었다. 고려 시대에 들어와 1018년 현종 때 경산부(성주)의 속현이 되었다가 1143년 인종 때 대구현이 되어 종 5품의 현령이 파견되었다.

조선 시대에도 현으로 지속되다가 1419년 세종 때 군으로 승격되어 종 4품의 지군사가 파견되었다. 《세종실록》에 따르면 세종 대에 가구(인구) 수가 1000호 이상이 되어 군으로 승격된 것을 알 수 있다. 이후 1466년 세조 때 도호부로 승격되어 종 3품 부사가 파견되었다. 조선 초기 200여 년간 현에서 군으로, 군에서 도호부로 승격하며 지속적으로 발전했다.

임진왜란 이후에는 명실상부한 경상도의 중심이 된다. 1601년 선조 대에 경상감영이 들어섰기 때문이다. 경상감영은 조선 건국 초기에는 경주에 있었다가 이후 상주, 칠곡, 달성, 안동 등에 설치되었고, 임진왜란 이후 대구 중구 포정동 지금의 자리로 옮겨왔다.

감영은 조선 시대 각 지역의 관찰사가 머무르면서 업무를 보던 관청이다. 조선은 전국을 8도로 나누고 관찰사를 파견했다. 8도 아래에는 고을의 중요성과 규모에 따라 350여 개의 부·목·군·현을 두어 부윤, 목사, 군수, 현령 등의 수령을 임명했다. 수령은 우리가 자주 들어본 단어인 사또, 원님이라고도 한다.

경상감영은 경상도의 71개 부·목·군·현을 관할한 지방 행정청으로, 경상도 관찰사가 중앙 정부의 명령을 각급 수령에게 알리고 그들을 지휘·감독한 곳이다. 경상감영이 있던 대구는 300여 년 동안 250여 명의 관찰사가 거쳐 가면서 경상도의 행정, 군사, 교통뿐만 아니라 경제와 인구, 교육과 문화 등 모든 분야에서 선도적인 역할을 담당했다. 더 나아가 한성(서울), 평양과 더불어 3대 도시로 성장한다.

대구에 경상감영이 설립된 이유는 임진왜란을 겪으면서 대구가 전략 요충지로 부각되었으며, 경상도의 한가운데에 있어 물산의 결집과 이동이 쉽고 조정의 지시를 전하거나 군사와 지방 관리들을 감독하기에 편리했기 때문이다.

경상감영은 과거 식민지 역사를 기억하는 현장이기도 하다. 일제의 침략이 본격화되면서 경상감영 정문 관풍루는 현재의 달성공원 부지로 옮겨졌고 부속 건물이 있던 자리에는 일본군 헌병대 건물과 병무청 등이 들어섰다. 일제 강점기가 시작되면서 감영은 해체되었고 그 자리에 경상북도청이 설치되면서 많은 건물이 없어지고 본모습을 잃게 된다.

광복 이후에도 일제 강점기 때의 공간을 그대로 경상북도청사로 활용했다. 6·25 전쟁이 발발한 직후인 1950년 7월 16일 대전으로 옮겨갔던 임시 수도가 대구로 옮겨졌고, 다시 부산으로 옮겨가기 전까지 한 달 동안 경상감영은 임시 수도 정부 청사로 사용되었다. 전쟁이 끝난 뒤에는 다시 경상북도청으로 사용되다가 1966년 도청이 대구 북구 산격동으로 옮겨가자 1970년 공원으로 조성된다. 처음에는 대구의 중심에 위치한다고 해서 '중앙공원'이라는 이름이 붙었다가 1997년 '경상감영공원'으로 바뀌어 오늘에 이르고 있다.

경상감영에는 응향당, 제승당, 응수당 등 많은 건물이 있었다. 현재 경상감영공원을 방문하면 옛 관아 건물로는 관찰사가 업무를 보던 선화당과 관찰사의 살림집이던 징청각만 볼 수 있다. 그렇다고 아쉬워할 필요는 없다. 감영에서 가장 주요한 건물인 선화당과 징청각이 건립 당시 골격을 그대로 유지하고 있

경상감영지는 1970년 공원으로 조성되었다. 처음에는 '중앙공원'이었다가 1997년 '경상감영공원'으로 이름이 바뀌었다.

는 곳은 경상감영뿐이고, 징청각은 전국에서도 유일해 그 가치가 높다. 선화당과 징청각은 1982년 각각 대구유형문화재 제1호와 제2호로 지정되었다. 그밖에 관찰사와 대구 판관 29명의 공덕을 기리기 위해 세운 선정비와 통일의 염원을 담은 '통일의 종'도 있다. 통일의 종은 국채보상운동 기념공원의 달구벌 대종을 만들기 전까지 타종했던 제야의 종이다.

오늘날 경상감영공원은 푸른 숲과 아름다운 꽃, 잔디광장, 분수와 산책로 등 다양한 시설을 갖춘 도심 속 휴식공간으로 많은 사랑을 받고 있다. 주말에는 풍속 재현 행사 및 전통놀이 체험 등 다양한 행사들이 진행되니 도심 속 역사 나들이를 떠나보는 것도 좋다. 대구시가 역사적 정체성을 되찾기 위해 경상감영 복원 사업에 심혈을 기울이고 있으니 앞으로 조금씩 과거의 모습을 되찾아갈 것이다.

대한제국 시기 경상감영의 징청각(위)과 오늘날 경상감영공원의 징청각(아래).

거리 이름으로 남은 대구읍성

오늘날 대구의 중심이자 최고 번화가는 누가 뭐래도 동성로다. 주말이면 대구 사람 10명 중 1명은 동성로를 찾는다고 한다. 그런데 동성로라는 이름은 '성의 동쪽에 있는 길'이라는 뜻이다. 대구에는 성이 없는데 왜 성의 동쪽 길이라는 이름이 붙었을까? 놀랍게도 과거 동성로 자리에 읍성이 있었다.

성벽을 쌓는 이유는 성 안에 든 것들을 지키기 위함이다. 최초의 대구읍성은 임진왜란 발발 2년 전인 1590년 왜구의 침략에 대비해 쌓은 토성으로 청도·영천·안동·상주·부산·동래·진주 등의 읍성과 같이 축성되었다가 임진왜란 때 파괴되었다.

대구는 임진왜란을 겪으면서 전략 요충지로 부각되어 경상감영이 설치된다. 경상감영의 파급효과는 엄청났다. 군량, 무기, 포목 따위의 군수품이 쇄도하는가 하면 군사, 행정 부문의 최고위급 지방관과 군 지휘관들이 상주하거나 내왕하면서 자연스럽게 대구가 경제 정치적으로 중요한 도시가 된다.

경상감영 설치 이후 130여 년간 이렇다 할 방어 시설이 없다가 영조 대에 다시 석성을 축성한다. 이 사업은 영조가 즉위한 지 4년 만인 1728년에 일어난 이인좌의 난과 깊은 관련이 있다. 숙종이 승하하고 장희빈의 아들 경종이 즉위하자 노론은 그가 병약하다는 이유를 들어 이복동생 영인군(후에 영조)을 세자로 책봉할 것을 요구했다. 소론은 이를 빌미로 신임사화를 일으켜 노론이 역모를 꾸미고 있다고 몰아 제거했다. 이후 영조가 즉위하자 노론의 보복을 우려한 일부 소론과 남인 세력은 이인좌를 중심으로 경종의 사망에 영조가 관여되어 있다는 명분을 내세워 난을 일으켰으나 진압 당한다. 영조는 이 사건을 경험하면서 내전에 대비한 방어 시설의 필요성을 절감했다. 이에 1731년 동래읍성, 1733년 전주읍성 그리고 1736년 대구읍성을 축성한다.

당시 대구는 영남의 대읍이고 경상감영이 있는 지역이었다. 이인좌의 난이 중요한 계기가 되었지만 감영을 보호하고 백성을 수용하기 위해서는 상당한 규모의 읍성이 필요했다. 6개월에 걸쳐 7만8534명이 동원된 축성 공사는 공간을 구획해 각 구역마다 일꾼을 관리하는 패장을 두고 재정 운영, 채석 등 분야별 감독관도 별도로 선정했다. 완성된 읍성은 둘레 2.6킬로미터, 높이 3.5~3.8미터 규모로 동쪽에 진동문, 서쪽에 달

서문, 남쪽에 영남제일관, 북쪽에 공복문 등 큰 문 4개를 만들고 야간통행용인 동소문과 서소문을 두었다.

이후 1870년 고종 대에는 축성 134년 만에 외세 침략에 대비하기 위해 읍성을 크게 개축한다. 높이와 크기를 키우고 정해루·주승루·선은루·망경루의 4개 누각을 새로 세웠으며 포대를 만드는 등 더욱 견고해진다.

대구읍성은 우아한 누각과 아름다운 전경을 자랑했던 것 같다. 1888년 늦가을 프랑스의 유명한 지리학자이자 민속학자인 샤를 바라는 한양에서 부산으로 향하는 길에 대구를 방문한다. 서양인으로는 처음 경상감영에 들러 관찰사의 환대를 받고 읍성 위에서 바라본 대구의 모습을 글로 남겼다.

> 나는 많은 수행인들의 호위를 받으며 고관이 타는 말에 올라 대구 시내를 돌아보았다. 그들은 나에게 높은 성벽을 구경시키려고 꼭대기까지 올라갔다. 성벽을 따라 난 순시로는 베이징성의 축소판 같았다. 성벽은 도시 전체를 감싸는 평행사변형이었다. 사방 성벽의 중앙에는 웅장한 성문이 있었다. 성문 위의 누각 안에는 옛 역사를 나타내는 여러 가지 그림과 글귀들이 가득했다.
>
> –《Deux voyages en Coree》

영원할 것 같던 대구읍성도 시대의 격랑 속에 자취를 감추게 된다. 대구는 1894년 청일 전쟁 당시 일본군이 달성공원에 잠시 주둔했던 것을 시작으로 일본의 간섭을 본격적으로 받는다. 1904년 러일 전쟁이 일어나자 일본은 군수물자 이동을 위해 서둘러 철도 공사를 진행하고 1905년 경부선을 개통한다. 경부선은 대구의 도시 모습을 완전히 바꾸어 놓는다. 15일 가량 걸리던 서울과 부산을 11시간 만에 연결해준 경부선은 대구를 경유했다. 그런데 영남대로의 길목에서 도시의 관문으로 오랜 세월 북적여온 읍성의 남문은 지나지 않고, 경상군 고모역에서 성 동쪽을 크게 돌아 북문 밖을 지나도록 부설되었다. 그리고 대구읍성 북쪽에 대구역이 만들어진다.

경부선 공사를 시작할 때 들어온 일본인들은 대구일본거류

1906년 대구읍성이 허물어지기 전의 영남제일관 모습. 당시에는 대구 중구 남성로에 있었다.

민회를 설립, 철도를 따라 읍성 북쪽에 매입해 둔 땅을 개발하기 위해 읍성의 성곽 해체를 요구했다. 대구읍성 안으로 상권을 진출시키려면 도심을 가로막은 성벽의 철거가 절실했기 때문이다.

대한제국 시절 대구 군수 겸 관찰사 서리였던 친일파 박중양은 대구일본거류민회의 건의를 받아들여 1907년 조정에 대구읍성 철거를 건의했다. 그리고 '읍성의 철거를 허락하지 않는다'는 정부의 답변이 내려오기도 전에 철거를 진행한다. 북쪽 성벽을 시작으로 서쪽, 남쪽, 동쪽 성벽을 차례로 헐어 버린다. 결국 1908년 대구읍성은 이토 히로부미의 양자로 칭할 만큼 골수 친일파였던 박중양의 손에 철저히 파괴되어 완전히 사라진다.

대구읍성이 헐리자 도심의 틀이 획기적으로 바뀐다. 읍성 안팎의 땅값 차이는 크게 줄었다. 동쪽의 진동문 자리에 동성로, 서쪽의 달서문 자리에 서성로, 남쪽의 영남제일관 자리에 남성로, 북쪽의 공북문 자리에 북성로 등 폭 9.1미터의 사성로가 만들어졌다. 영남제일관은 73년이 흐른 1980년 대구 상징물 복원사업의 일환으로 대구시가 수성구 만촌동 망우공원에 다시 세웠으나 엉뚱한 장소에 원형과는 상당히 동떨어진 모습으로 복원된다.

대구역을 중심으로 거주지역이 형성되어 새로운 도심으로

1905년 문을 연 대구역.

떠올랐다. 대구역을 따라 서문시장 등 서남부 지역의 상업 기능도 대거 북쪽으로 이동했다. 대구로 들어오는 일본인은 계속 늘어났고 옛 읍성의 동쪽 외곽지를 중심으로 새로운 일본인 거주지역을 형성했다. 1910년쯤 대구에는 7392명의 일본인이 살았다고 한다. 대구읍성 내의 조선인들은 시가지 남쪽 달성공원 인근의 산기슭 빈민촌으로 밀려나게 된다.

대구읍성 철거는 봉건 왕조 시대에서 근대 도시로 이행되는 과정에서 피할 수 없는 일이었을지 모른다. 하지만 만약 지금 대구읍성이 있었다면 중국 서안성처럼 성벽 위를 자전거를 타고 돌아다니는 풍경이 대구 사람들의 일상이 되지 않았을까 하는 아쉬움이 남기도 한다.

대구읍성을 복원하기 위한 노력이 대구 중구청과 시민 사회를 중심으로 오래전부터 진행되고 있다. 2012년에는 대구읍성 상징거리를 조성한다는 취지로 성돌 찾기 공모를 벌여 대구 곳곳에서 성돌 300여 개를 모으는 데 성공했다. 그리고 이 성돌을 동성로 대구백화점 앞 젊음의 광장 일대에 모아 조형물 겸 쉼터로 조성했다. 북성로와 동성로가 만나는 대구역 맞은편 모퉁이에는 대구읍성 복원 모형도와 안내문을 설치했고, 북성로 일대에서 발견된 성벽 주춧돌도 투명 구조물을 덮어 들여다볼 수 있게 만들었다.

지금 이 순간에도 대구읍성 복원 노력은 계속되고 있다. 하지만 도심 한가운데로 편입된 읍성 터 일대의 비싼 땅값, 성벽 복원 후 도로 폭 축소와 차량 통행 방해 등의 문제로 쉽지 않은 상황이다. 완벽한 복원이 어렵다면 가능한 만큼이라도 복원해 역사적 상징을 되새기고 과거와 현재가 자연스럽게 공존할 수 있기를 고대한다.

전국 유일의 국산 한약재 도매시장

약전골목

대구에는 몸이 금세 건강해지는 느낌이 드는, 쌉싸래한 한약 향기로 가득한 거리가 있다. 남성로와 동성로, 계산1~2가, 종로2가, 장관동, 상서동 일부를 포함해 715미터 가량의 도로변을 따라 한약재와 관련된 가게들이 줄줄이 들어선 대구 약령시 또는 약전골목이라 불리는 곳이다.

대구 약령시는 널리 알려진 약재시장이다. 350여 년 전 조선 후기 효종 대부터 경상감영 안 객사 주변에서 음력 2월 봄 춘령시와 10월 가을 추령시 두 차례에 걸쳐 한 달씩 한약재를 거래하던 계절 시장이었다. 당시 전국적으로 전염병이 창궐했는데 약재 수급이 궁궐에서조차 힘들어지자, 효종이 교통 편리한 대구에 시장을 열라고 명했다고 한다. 2001년에는 한국에서 가장 오래된 약령시로 한국기네스북에 등재되기도 했다.

조선 시대 약령시는 대구, 전주, 원주가 유명했는데 그중 대구가 가장 번창했다. 경상좌·우도 감영 소재지일 뿐만 아니라 교통 요충지이고 낙동강과 금호강이 인접해 약재 등 각종 상품을 수로와 육로로 수송하기에 가장 편리했기 때문이다. 또한 대구에 인접한 고령·성주·칠곡·선산·의성·군위·영천·경산·청도·합천 등 각 군·현과 안동·영양·봉화·예천·문경·상주·김천 및 경주 등 원격지의 각 부·군·현이 모두 한약재의 명산지였다.

대구 약령시는 처음에 경상감영 앞 1000평 정도의 마당에서 열렸다. 그런데 1895년 조선 8도 제도가 사라지면서 경상감영이 없어지고 약령시를 관장하던 행정 부처도 없어졌다. 늘 열리던 약령시도 장소를 옮겨야 할 상황에 놓였다. 이때 주민들 사이에 갈등이 생겼다.

대구읍성 안에 살던 한약재 취급자들이 서로 자기들이 사는 곳 주변에서 약령시를 열자고 주장했다. 남쪽에 사는 사람들은 남성로에, 북쪽에 사는 사람들은 북성로에 열자고 했다. 그러다가 남쪽 사람들이 시장을 옮기는 데 필요한 돈 1000원(현재 돈으로 7200만 원 가량)을 부담하면서 지금의 남성로 일대로 이전이 결정됐다. 이후 서문로와 동산동 일대까지 범위가 넓어졌다.

대구 약령시는 약재상들과 병을 고치려는 환자들로 늘 북적거렸다. 모든 병을 한의학에 의지했던 당시 사람들은 약령시에서 약재를 구해 병든 몸을 치료하려고 애를 썼다. 우연의 일치인지 훗날 베어드를 비롯한 외국인 선교사들이 이곳으로 찾아오면서 약령시는 몸과 영혼을 치료하는 길로 변하게 된다. 장이 열리면 전국에서 모여든 사람들이 1만여 명이 넘었고 사람들의 어깨와 수레가 맞닿아 지나다니기 힘들 정도였다고 하니 그 규모를 짐작할 만하다. 1924년 조선총독부가 출간한 《조선의 시장》에는 '예로부터 한약재는 경상북도의 특산물이었고, 대구 약령시는 가장 규모가 큰 약령시였다'는 기록이 남아 있다.

당시 전국의 약령시를 한 바퀴 돌아보는 것을 '영(令)바람 쐰다'고 표현했다. 그런데 아무리 좋은 약재라도 '대구 영바람

1920년대 대구 약전골목의 약초 배달꾼.

안 쐬면 약효가 없다'는 말이 나올 정도로 대구 약령시가 유명해서 원산이나 함흥 지역에서 생산한 약재를 대구 약령시에 가지고 왔다가 다시 생산지로 실어 가는 해프닝도 벌어졌다고 한다.

대구 약령시는 1910년 일제에게 국권 피탈을 당한 이후 점점 쇠퇴했고 1914년 일제가 '조선시장규칙'을 발동하면서 더욱 위축되었다. 1922년에는 춘령시가 폐지되어 추령시만 한 차례 열렸다. 이에 맞서 상인들은 1923년 약령시진흥동맹회를 조직하고 대대적인 부흥 운동을 전개했다.

일제의 탄압 속에 많은 사람이 오가던 약령시는 독립운동가들의 자본과 정보가 오가는 연락망 역할도 했다. 많은 한약 종사자들도 일제 몰래 독립운동 자금을 댔다고 전해진다. 1941년 태평양 전쟁을 수행하던 일본은 약재의 사적인 거래를 전면 금지시켰고, 대구뿐만 아니라 전국의 약령시들이 문을 닫게 된다.

광복 이후 다시 장이 열리지만 6·25 전쟁을 겪으면서 또 한 번 그 맥이 끊어진다. 흔히 기억은 강제로 끊어내려고 하면 더욱 강해진다고 한다. 1978년 대구 약령시의 전통과 명성을 되살리기 위해 약령시 부활 대책위원회가 결성된다. 이후 1978년 제1회 대구 약령시 축제를 시작으로 1982년 한약재 도매시장 개설, 1985년 대구 명소거리 지정 및 한약재 상설 전시관 개관, 1988년 전통한약시장지역 지정, 1999년 약령시종합발전계획 수립, 2002년 약령시테마거리 조성, 2005년 한방특구 지정 같은 노력과 결실이 꾸준히 이어지고 있다.

400년의 역사와 전통을 이어가는 대구 약령시에는 지금도 한약방 60곳, 한약업사 90곳, 한의원 25곳, 한약상회 5곳, 인삼사 12곳, 제환·제탕업소 50곳, 한약 관련 서적상 2곳 등 한약과 관련된 각종 업체들이 들어서 있다. 중앙한약방, 광신한약방 등 100년을 바라보는 노포도 제법 남아 있다. 1000여 개 점포가 즐비했던 1970년대에 비하면 많이 줄어든 규모지만 대구와 경북 사람들은 여전히 한약재를 살 때면 가장 먼저 떠올리고 찾는 곳이다.

농수산물 도매시장처럼 큰 규모는 아니지만 대구 약령시는 전국 유일의 국산 한약재 도매시장이라는 점에서 중요한 역할을 한다. 연간 한약재 600여 톤, 40억 원어치가 이곳에서 경매된다. 5일장 방식으로 매월 6회(1·6·11·16·21·26일) 열리는 경매에서 형성되는 가격은 전국 한약재 시장의 기준가격으로 인정받아 시세를 주도한다.

경매가 열리는 날이면 전국 각지에서 물건을 싣고 온 트럭들이 주차장을 쉴 새 없이 드나든다. 경북 안동의 산약, 전북 무주의 치자, 경남 거제의 후박, 제주의 청피 등 방방곡곡에서 한약재가 모여들고, 그것을 구하려는 중간상들로 북새통을 이룬다. 생산자는 대규모 물량을 한꺼번에 처분할 수 있고, 경매를 통해 합리적인 가격에 팔면서 물건 값도 당일 현금(수수료 3퍼센트 제외)으로 받아갈 수 있다는 것이 매력이다. 중간상은 품질 좋은 국산 한약재를 원하는 분량만큼 믿고 사면서 업계 정보까지 파악할 수 있어 편리하다.

약령테마공원을 방문했다가 경매를 구경한 적이 있다. 경매는 칠판에 쓰인 그날 시세를 기준으로 이루어졌는데, 중도매인들의 낙찰 과정을 한참 관찰했지만 아무리 애써도 그들이 손으로 바쁘게 주고받는 가격 제시를 이해할 수 없었다.

양약이 발달하면서 한약을 찾는 사람들이 줄어들자 전국 약전골목의 한약 향기도 조금씩 옅어지고 있다. 세월의 흐름에

대구 사람들은 으슬으슬 감기 기운이 돌 때면 "약전골목을 지나가면 감기가 떨어진다"고 우스갯소리를 한다.

따른 자연스러운 변화를 막지는 못할 것이다. 어쩌면 우리는 번성하던 약령시와 한약의 모습을 기억하는 마지막 세대가 될지도 모른다. 훗날 으슬으슬 감기 기운이 돌 때면 "감기에 걸려도 약전골목을 지나가면 떨어진다"던 우스갯소리와 함께 알싸하면서도 달짝지근한 한약 향기를 그리워하게 될지도.

사회가 필요로 하는 모습 보여준

대구제일교회

가난한 자들의 시신을 묻던 '담쟁이 넝쿨이 덮여 있는 언덕'이란 뜻의 청라언덕에 19세기 말부터 학교, 교회, 병원이 세워진다. 대구에 정착한 기독교 선교사들로부터 생명과 부활을 주는 복음이 움터 나오기 시작한다.

복음이란 예수 그리스도다. 복음을 전한다는 것은 예수를 심는 것과 같다. 대구에서 첫 복음의 씨앗이 떨어진 곳은 한약재상들이 모여 있는 남성로 약령시장 골목이었다. 1893년 4월 22일 부산에 있던 미국 북장로교회 선교사 윌리엄 베어드(한국 이름 배위량)가 팔조령을 넘어와 약령시장 골목에서 전도지를 나눠준 것이 대구제일교회의 시작이다.

대구에 온 최초의 '서양인 전도사' 베어드 선교사는 대구 남문 내의 한옥으로 이주해 선교사업의 기반을 넓혀 나갔고 북장로교 선교부의 주역으로 활동했다. 1896년 베어드가 서울선교지부 교육담당 고문을 맡아 대구를 떠나자 그의 처남 아담스가 선교 활동을 이어간다.

1897년 11월 아담스 선교사는 초대 목사로서 대구와 경북 지역에서 최초로 개신교 예배를 드린다. 1898년에는 일곱 명의 교인과 함께 교회를 세우고 '야소교회당'이라 이름 붙이는데, 장소는 베어드가 매입한 한옥 기와집의 사랑채였다. 아담스는 복음 선교뿐만 아니라 같은 해 대구로 부임한 의료 선교사 존슨 등과 함께 의료·교육 선교를 병행했다. 1899년 존슨은 미국 약방을 개업하고 이를 바탕으로 본격적인 의료 활동을 하면서 대구와 경북 지역 최초의 서양 의료기관 제중원(현 계명대학교 동산의료원 모태)을 설립한다. '제중'은 공자의 《논어》 옹야 편에 등장하는 '박시제중(博施濟衆)'에서 유래한 말로 '널리

1898년 아담스 선교사가 세운 야소교회당.

베풀어 많은 사람을 구제한다'는 뜻이다.

대구에 정착한 선교사들은 근대적 교육에 힘썼다. 아담스는 1900년 대구의 근대 학교 효시인 희도 학교의 설립자 겸 교장으로 활동했다. 1902년 브루엔 선교사의 부인 부마테는 신명여자소학교를 설립해 근대 교육을 시행했다. 1906년 아담스는 계성학교(현 계성중·고등학교)를, 1907년 부마테와 존슨 선교사의 부인은 여학생을 위한 신명여학교(현 신명중·고등학교)를 개교했다. 이 학교들은 지역 사회를 위한 인재를 양성하고 신앙의 뿌리를 내리는 계기가 되었다.

야소교회당은 1900년 7월 정완식과 김덕경이 처음으로 세례를 받은 이후 교인이 증가하면서 교세가 급격히 확장된다. 1907년에 교인이 800여 명에 이르자 넓은 예배당이 필요하다

1908년 세워진 두 번째 예배당 남성정교회.

고 생각한 아담스 목사는 성도들의 헌금 6000원으로 1907년 7월 기공예배를 드리고 공사를 진행한다. 폭풍으로 예배당이 붕괴되는 위기를 맞기도 하지만 다시 공사를 재개해 1908년에 단층 140평의 넓은 새 예배당을 건축한다. 이것이 두 번째 예배당 남성정교회다. '남쪽 성에 있었던 교회'라는 이름에서 당시 기독교 선교의 거점이 대구읍성 남쪽임을 짐작할 수 있다.

'남문안예배당' '대구읍교회' 등으로 불리기도 한 남성정교회 예배당은 미국인 선교사들과 한국인 전통 목수들이 함께 지은 교회당이다. 나무 기둥을 세우고 기둥 사이에 흙벽을 쳐서 하얀 회반죽을 발랐으며, 한식 합각지붕에 양철(함석)을 이었다. 교회의 정면 한가운데 출입구를 겸한 종탑을 세우고 그 양쪽에 세로로 긴 창문을 규칙적으로 배치해 좌우가 대칭을 이루었다. 우리나라 전통 건축 양식과 그동안 대구 지역에 들어온 서양의 건축 양식을 본뜬 절충형 양식의 건물로, 지붕 모양에서는 토착적 요소가 느껴지나 벽면 구성은 서구적 특성을 보였다. 남성정교회 예배당은 당시 대구 사람들에게 매우 이색적인 양철지붕, 창문, 종탑 등을 지닌 경이로운 건물로 오랫동안 구경거리가 되었다고 한다.

이후 20여 년이 흐른 1933년, 최대화 8대 목사의 주도로 총공사비 1만5000원을 들여 2층 448평의 세 번째 예배당이 건축된다. 1936년에는 붉은 벽돌로 높이 33미터, 넓이 13평의

1933년 세워진 세 번째 예배당에서 가진 전조선주일학교 대회.

5층 종탑을 짓는다. 한강 이남에서 가장 큰 이 교회 건축물이 완성되면서 남성정교회는 대구제일교회로, 남성정예배당은 대구제일예배당으로 이름을 바꾼다.

대구제일교회는 대구와 경북 지역의 기독교 산실로서 20여 개의 교회를 독립시킨 모교회의 위상을 차지하게 된다. 그동안 위임목사만 12대 목사가 시무했고, 2022년부터는 13대 박창운 목사가 시무 중이다. 1981년에 한 차례 증축을 했지만 계속 커지는 교세를 담기에는 역부족이라 1994년 6월 청라언덕 동쪽 구 영남신학교 대지에 새 건물을 지었다.

120년 이상의 역사를 지닌 약전골목의 붉은 벽돌 예배당구 제일교회는 대구광역시 유형문화재 제30호로 지정된다. 대구와 경북 지역에 처음 생긴 교회로 선교사들이 근대적 의료 및 교육을 전개한 역사적 의미를 인정받은 것이다. 지금은 '구 대구제일교회 대구기독교역사관'이라는 이름으로 시민들에게 공개 중이다.

새로운 대구제일교회는 언덕 위에서 옛 제일교회를 내려다보고 있다. 만약 둘 중 한 곳을 방문해보고 싶다면 어느 쪽으로 가야 할까? 개인적으로는 구 대구제일교회 대구기독교역사관을 방문해 당시 예배를 사모하며 나아갔던 성도들의 생활과, 교회가 사회의 필요 앞에 어떻게 반응하며 나아갔는지를 살펴보는 것을 추천한다.

근대의 시간과 문화로 채워진 공간
청라언덕

프랑스에 파리 시내를 한눈에 내려다볼 수 있는 몽마르트르 언덕이 있다면, 대구에는 근대의 시간과 문화로 채워진 공간 청라언덕이 있다. 서문시장 맞은편 계명대학교 동산의료원을 지나 대구제일교회의 고딕 양식 첨탑이 보이는 쪽으로 걸어가면 청라언덕이 나온다. 과거에는 달성토성 동쪽에 위치한 산이라 해서 '동산'으로 불리던 곳이다. 동산은 1900년대 초 미국인 의료 선교사들이 거주하면서 푸른 담쟁이를 많이 심어 '푸를 청(靑)'에 '담쟁이 라(蘿)', 담쟁이덩굴이 우거진 언덕이라는 의미의 청라언덕으로 불리게 된다.

미국 선교사들은 1882년 조미수호통상조약 체결 이후 본격적으로 한반도에 들어왔다. 개항장 부산을 통해 1893년 대구로 들어온 그들은 선교뿐 아니라 신교육과 의료봉사 등 신문화를 전하며 이 지역 근대화에 큰 영향을 끼쳤다.

선교사들은 청라언덕을 활동 거점으로 삼았다. 당시 청라언덕은 가난한 사람들이 장례를 치르지 못한 시신을 몰래 묻던 곳이다. 사람들이 기피하는 장소였기에 텃세 없이 싼 땅을 구입할 수 있었다. 버려진 시신이 묻혀 있다는 점을 문제 삼지 않으면 선교사들의 활동 거점인 대구읍성과 제일교회가 가까워 편리한 자리였다.

청라언덕에 종교와 의료의 거점을 마련한 선교사들은 자신들이 머물 집을 짓기 시작했다. 현재 청라언덕에는 100년이 훌쩍 넘은 선교사들의 붉은 벽돌집 3채가 비슷한 듯 다른 개성을 뽐내며 자리잡고 있다.

달구벌대로에서 청라언덕을 오르면 가장 먼저 보이는 건물이 블레어 주택이다. 1910년쯤 지은 곳으로, 당시 최첨단 공법인 콘크리트를 이용해 기초를 다지고 지하실을 만든 뒤 높은 굴뚝의 2층 벽돌집을 올렸다. 2층 박공 부분에 만든 반원형 유리창 선룸이 인상적이다. 서양인들은 한옥이 채광과 환기에 문제가 있다고 생각해 큰 유리문을 설치해 자연광을 끌어들이는 선룸을 만들었다. 당시 미국의 주택 형태를 살펴볼 수 있는 블레어 주택은 현재 교육역사박물관으로 쓰이고 있다.

블레어 주택 북쪽에는 챔니스 주택이 있다. 선교사 챔니스뿐만 아니라 미국 북장로회에서 세운 계성학교 제2대 교장 레이너, 제7대 동산의료원 원장인 마펫 등도 이곳에 살았다. 당시

대구 한복판에 자리 잡은 청라언덕은 도시의 번잡함에서 벗어나고 싶을 때 올라보기 좋은, 한적하고 아름다운 곳이다.

머나먼 이국땅에서 순교한 선교사와 그 가족이 잠들어 있는 은혜정원은 사시사철 햇살이 비친다.

미국 캘리포니아주 남부에서 유행한 방갈로풍 주택으로, 독특한 분위기 덕분에 영화나 드라마의 촬영장으로 많이 사용되었고 건축 분야 논문 소재로도 인기가 많다. 현재 의료선교박물관으로 개방하고 있다. 우리나라에서 가장 오래된 상아 청진기를 비롯해 일제 강점기 때 사용한 미생물 배양기, 1950년대 동산의료원이 최초로 도입한 인공호흡기 등 다양한 의료기기를 볼 수 있다.

챔니스 주택에는 동산의료원 초대 원장 존슨 박사의 가족이 사용하던 피아노가 남아 있다. 국내에 현존하는 가장 오래된 피아노로, 1800년대 미국 리치몬스사가 제작한 것이다. 1900년 3월 부산항에 도착한 피아노를 나룻배로 낙동강을 거슬러 사문진 선착장(대구 달성)까지 옮겨 동산의료원으로 가져왔다. 피아노가 사람이나 가축과 부딪힐까봐 앞에서 종을 흔들며 이동시켰다고 한다. 당시 피아노는 '소리 나는 귀신통'으로 불렸으며, 이 때문에 피아노 소리가 나면 동산의료원 주변에 구경꾼들이 몰려들었다고 한다.

챔니스 주택 아래쪽에는 사시사철 햇살이 비치는 은혜정원이 있다. 이곳에는 태평양을 건너 머나먼 이국땅에서 배척과 박해를 견디며 복음을 전파하고 인술을 베풀다가 삶을 마감한 선교사와 가족이 고이 잠들어 있다. 은혜정원은 서울의 양화진 외국인 묘지와 같은 순교 성지로써 대구·경북 기독교 선교의 발자취를 찾는 많은 이들이 다녀가고 있다.

은혜정원 북동쪽에는 스윗즈 주택이 있다. 대구에서 본격적인 선교 활동이 이루어지던 1910년쯤 건축된 사택으로 스윗즈 여사를 비롯해 계성학교 4대 교장인 헨더슨, 계명대학교 초대 학장인 캠벨 등의 선교사들이 거주했다. 현재는 선교박물관으로 개방되어 있다.

서양식 붉은 벽돌과 창문으로 벽을 세우고 한옥 형태의 기와를 지붕에 얹은 대구 최초의 한·양 절충식 건물로, 벽돌이나 기와는 한국에서 직접 만들고 창이나 문짝, 마루재 등은 본국에서 들여온 것을 사용했다. 외벽은 대구읍성이 철거될 때 나온 돌로 기초를 쌓고 그 위에 붉은 벽돌을 쌓았다. 일제의 침탈이 가속화되어 대구읍성이 마구잡이로 철거되던 때 성돌의 가치를 눈여겨본 선교사들이 그것을 청라언덕으로 옮겨 주춧돌로 사용한 것이다. 근대 건축물 이상의 의미와 가치를 지닌 스윗즈 주택은 베란다 등 일부가 변형되었으나 전체적인 형태와 내부 구조는 당시 모습을 잘 간직하고 있어 대구의 초기 서양 건축사 연구에 귀한 자료가 되고 있다.

스윗즈 주택 정원에는 대구 최초의 서양 사과나무 3세목(자손목)이 자라고 있다. 1899년 동산의료원 초대 원장 존슨 선교사가 미국에서 사과나무 72그루를 들여와 심어 키운 후 동산의료원 주변으로 보급한 것을 흔히 '대구 사과나무'의 효시라고 말한다. 지금의 3세목은 2세목의 형질 보존을 위해 2007년 3월부터 대구수목원에서 접목으로 육성한 후계목으로, 2012년 5월 청라언덕에 옮겨 심었다.

청라언덕은 낭만이 가득한 공간만은 아니다. 현재 대구제일교회가 있는 동쪽 언덕에서 서성로 방향으로 내려가는 90계단길에는 비장한 3·1 운동의 숨결이 배어 있다. 이 좁은 돌계단길은 1919년 3월 8일 대구에서 만세운동을 준비하던 계성학교·신명학교·성서학당·대구고보 학생들이 일본 경찰의 감시를 피해 도심으로 모이기 위해 통과했던 곳이다. 당시 학생들은 솔밭이 무성하던 청라언덕 비탈의 오솔길을 헤치고, 서문시장에서부터 달성군청(현재 대구백화점)까지 "대한독립만세"를 외치며 행진했다고 한다. 지금은 우거진 소나무 숲과 오솔길이 다 사라지고 없지만 당시 태극기를 가슴팍 깊숙이 숨겨두고 만세운동을 위해 이 길을 오갔을 학생들을 떠올리면 절로 숙연한 기분이 들곤 한다.

청라언덕은 한국 근대음악사에서 한 자리를 차지하고 있는 박태준의 〈동무생각〉 배경이 되기도 한다.

봄의 교향악이 울려 퍼지는 청라언덕 위에 백합 필적에
나는 흰 나리꽃 향내 맡으며 너를 위해 노래 부른다.

학창시절 새 학기 음악 교과서에 첫 번째 아니면 두 번째로 실리던 동무생각을 듣고 불렀던 기억이 있을 것이다. 우리나라 최초의 가곡인 동무생각은 1922년 박태준이 계성학교 학창 시절 인근 신명학교에 다니던 여학생을 짝사랑한 것을 모티브로, 이은상이 글을 쓰고 박태준이 곡을 붙여 노래로 만든 것이다. 노랫말 중 '백합'은 박태준이 흠모했던 신명학교 여학생을 의

미했다고 한다.

대구 한복판에 청라언덕만큼 한적하고 아름다운 곳은 없을 것이다. 그 아름다움은 이국땅에서 무수한 생명을 구했던 의료 선교사들, '사랑 · 봉사 · 희생'의 선교 정신이 남겨진 붉은 벽돌집, 풋풋한 첫사랑의 주인공 박태준, 청라언덕을 오르내리며 작품의 모티브를 얻은 작곡가 현제명, 시인 이상화, 소설가 현진건, 화가 이인성 등이 만들어내는 것은 아닐까 싶다. 도시의 번잡함에서 잠시라도 벗어나고 싶다면 청라언덕을 올라 볼 일이다.

90계단길은 만세운동을 준비하던 학생들이 일본 경찰의 감시를 피해 도심으로 가는 길이었다.

대구 가톨릭의 성지

계산성당

시간이 흘러 도시 환경이 달라지면 건축물에 대한 시각도 변하게 된다. 일제 강점기에는 주변 경관을 잠식했던 근대 건축물이 도시화 과정에서 수십 층의 고층 건물에 둘러싸이자 낮은 자세가 되고, 연륜이 쌓이며 주름도 늘어 따뜻한 인상의 건물로 변모하는 경우도 있다. 대구에서는 종교 문화유산 계산성당이 대표적인 사례다.

1886년 조불수호통상조약으로 천주교의 선교가 허용되고 신자들에 대한 족쇄도 풀리게 된다. 하지만 대구와 경북 지역에서의 신앙생활은 여전히 험한 길이었다. 조약이 체결된 그해 대구에서는 프랑스 선교사 로베르 신부를 중심으로 천주교 활동이 본격적으로 시작되었다. 로베르는 거듭된 박해 때문에 낮에는 바깥 출입을 일절 하지 않고, 밤마다 상복으로 변장한 채 신자들을 방문하며 성사를 주었다고 한다.

로베르는 대구에 부임한 지 11년만인 1897년 현재 위치인 계산동에 부지를 마련하고 그곳에 있던 초가집을 임시 성당으로 사용한다. 3년 뒤인 1899년에는 팔각 기와지붕의 십자형 목조 한옥 성당을 신축했다. 당시 서울 중림동 약현성당(1892년), 인천 답동성당(1896년), 서울 명동 종현성당(1898년)이 모두 서양식 뾰족집이었던 것을 감안하면 로베르 신부와 신자들이 건물을 통한 신앙 토착화를 위해 얼마나 공을 들였는지 알 수 있다.

한옥 성당은 45칸이나 되는 큰 집이었는데 지붕 한가운데 대형 십자가를 올려 '주님의 집'임을 세상에 알렸다고 한다. 성당 건립의 기쁨도 잠시 1901년 2월 한밤중에 일어난 화재로 모두 불타 버린다. 당시 대구에 큰 지진이 있었는데 제대에 켜

로베르가 마련한 임시 성당.

놓은 촛불이 넘어지면서 성당 전체로 옮겨 붙은 것이다. 안타깝게도 한국에서 네 번째로 세워진 성당이자 당시 유일한 순수 한식 성당은 사진으로만 남게 된다. 로베르가 파리 외방전교회에 보낸 편지에서 당시의 참담한 심경을 엿볼 수 있다.

> 한국 건축 양식의 걸작으로 그토록 많은 노력과 정성을 들였던 아름다운 노틀담(성모 마리아)의 루르드 성당이 하룻밤 사이에 잿더미가 됐다. 지금 나에게는 제의도 일상복도 생활필수품도 없으며 고해를 듣기 위한 영대와 중백의도 없다. 1,000명이 넘는 신자들이 미사에 참석하는데 바람막이조차 없다.

로베르는 성당이 불탄 지 일주일 만에 "천주께서 우리의 신덕을 시험하시고 더 큰 은혜를 주시고자 함인 줄로 받아들이고 성당을 더 잘 짓기로 한마음으로 협력하자"며 새로운 성전 건립 호소문을 발표했다. 석재로 십자형 성당보다 더 큰 성당을 짓기로 하고 곧바로 모금 활동에 들어간다.

로베르는 전주 전동성당 설계도를 입수해 손수 디자인하고 12사도 스테인드글라스와 함석, 창호, 철물 등 국내에서 구할 수 없는 자재는 프랑스와 홍콩에서 들여왔다. 1901년 중국인 기술자들과 공사를 시작해 대구본당 신자들의 자발적인 봉사와 헌신적인 모금, 프랑스 신자들의 후원에 힘입어 1902년 5월 첨탑이 있는 서양식 성당이 완공된다. 이것이 계산성당 본당 건물의 시초다.

1903년 11월 뮈텔 주교가 집전하는 성대한 축성식이 열렸다. 이때 축성을 기념하기 위해 성유(성사나 축성 때 사용하는 신성한 올리브유)를 찍은 기둥 곳곳에 둥근 십자가 표시판을 만들어 놓았다. 교회지에는 당시 영남과 호남의 모든 신부들이 참석했고 사방 200리 안에 있는 신자뿐만 아니라 다른 종교인들까지 구름처럼 모여들어 대구 전체가 축제에 휩싸였다는 기록이 있다.

세월이 흘러 1911년 대구교구 설정으로 주교좌 본당이 되면서 신자가 급속히 늘어 미사나 전례행사 때마다 불편이 이만저만이 아니었다. 결국 두 번의 성당 내부 공사에 이어 1918년 신자들이 비용을 분담한 공사를 통해 기존 종탑을 2배로 높이고 성당의 동남북 3면을 증축해 1919년 5월 재차 축성식을 가졌고, 오늘에 이르렀다.

계산성당은 전체적인 구조가 로마네스크 양식에 가깝지만 평면 구성은 전형적인 고딕 양식으로 초기 기독교식의 라틴 십자형 평면이다. 현존하는 국내 가톨릭 사적지 대부분이 서양식, 다시 말해 고딕 양식의 건축물이다. 그 이유가 무엇일까.

당시 한국에 진출한 외국인 신부들은 대부분 근대문화에 대한 부정적인 시각과 성속 이분법에 기초한 경건주의 신앙 그리고 문화우월적인 사고방식의 소유자들이었다. 따라서 중세의 신학 사상과 신념 체계를 잘 반영한 고딕 양식을 교회 건축의 최고 이상으로 생각했다. 오랜 박해 끝에 신앙의 자유를 얻은 한국에서 하나님의 영광을 드러내는 데 고딕 양식의 건축물이 적합하다고 생각했던 것이다.

계산성당의 트레이드 마크는 따로 있다. 당시 '뾰족집'이라는 별명을 얻게 만든, 출입구 위쪽으로 하늘 높이 뾰족하게 올린 8각형 고딕식 쌍둥이 종탑이다. 종탑에 설치한 종은 국채보상운동을 주도한 서상돈과 김절아가 한 개씩 기증한 것으로 그들의 세례명을 따서 '아우구스티노와 젤마나'라고 부른다. 종

1902년 벽돌로 완성된 계산성당.

탑은 매일 새벽 6시, 낮 12시, 저녁 6시에 종을 울린다. 녹음된 종소리가 아니라 사람이 직접 올라가서 친다. 서상돈은 이 종소리 듣는 것을 행복으로 여겼다고 한다.

국내에서 찾아보기 힘들 만큼 수직성을 강조한 쌍탑 사이에 만들어진 커다란 '장미꽃 창'은 성당 안에서는 제대 벽을 통해 제의공간을 환하게 밝히는 빛의 통로가 된다. 신자석과 제의 공간인 지성소 사이의 양쪽 익랑에도 장미꽃 창이 설치되어 신앙 공간을 한층 더 엄숙하게 만든다.

계산성당은 대구와 경북 지역에 천주교라는 종교를 뿌리내리는 역할을 100년 넘는 시간 동안 꾸준히 했으며, 지금까지 대구와 경북 지역 천주교의 중심지로 자리하고 있다.

흔히 오래된 성당은 박물관 같다고 한다. 유리창 하나 벽돌 한 장에도 여러 사연이 담겨 있기 때문이다. 일제 강점기 때의 저항시인 이상화는 계산성당에서 영감을 얻어 〈나의 침실로〉를 썼다고 한다. 1951년에는 한국 민주화 운동의 버팀목이었던 김수환 추기경이 이곳에서 사제 서품을 받았고, 1984년에는 교황 요한 바오로 2세가 방문했다.

나는 천주교를 믿지 않지만 종종 계산성당을 방문한다. 대구를 대표하는 장소로 오랜 역사와 전통을 가지고 있으며, 건물 자체가 가진 아름다움도 뛰어나기 때문이다. 이런 아름다움 때문에 새로운 시작을 알리는 결혼식 장소로도 많이 이용된다.

이곳에서 결혼식을 올린 가장 유명한 인물로는 박정희 전 대통령과 육영수 여사가 있다.

해질 무렵 계산성당을 방문하면 평지의 계산성당과 청라언덕 위 제일교회가 만들어내는 고딕 첨탑 스카이라인이 종교를 초월한 경건함과 낭만적 감성을 불러일으킨다.

서성로를 가운데 두고 마주선 계산성당(오른쪽)과 대구제일교회(왼쪽).

노비부터 황제까지 동참한 국채보상운동

1997년 겨울, 우리나라는 단군 이래 최대의 국난으로 불린 IMF 구제금융 한파로 많은 국민들이 눈물을 흘려야 했다. 그해 겨울 우리는 온 국민이 힘을 모아 금 모으기 운동을 시작했다. 한 생명의 축복을 위한 돌반지, 그 무엇보다 소중한 결혼 예물, 장롱 깊은 곳에 있던 금붙이까지 내놓으면서 나라 사랑의 마음을 보여주었다. 4개월간 모인 금의 양은 약 225톤에 달했다고 한다.

당시 금 모으기 운동은 제2의 국채보상운동으로 회자되었고, 이러한 노력에 힘입어 2001년 우리나라는 예정보다 3년이나 앞당겨 국제통화기금에서 지원받은 자금을 조기에 상환할 수 있었다.

대구는 금 모으기 운동으로 재현된 국채보상운동 및 그 정신과 뗄 수 없는 관계다. 일본에게 나라를 빼앗기기 3년 전인

1907년 일본에 진 빚을 갚아 경제적 자주권을 지키자는 국채보상운동이 대구에서 처음 시작되었기 때문이다.

일본은 1905년 을사늑약을 체결하고 통감부를 설치한다. 이후 침략을 강화하면서 대한제국 정부가 식민지 시설을 갖추는 데 필요한 막대한 자금을 강제로 들여오게 했다. 이 자금은 조선 내 경찰 기구의 확장이나 일본인을 위한 하수도, 도로, 학교, 병원 등의 시설 확충에 사용되었다. 1907년 무렵 일본에 빌린 자금이 우리나라의 1년 예산과 맞먹는 1300만 원에 이르렀다. 지금 금액으로 환산하면 3300억 정도로 추산된다. 1907년 대한제국 정부의 1년 총 세입액은 약 1318만 원, 세출액은 약 1396만원으로 일본에 빌린 거액의 자금을 갚는 것은 사실상 불가능한 일이었다.

애국적 지식인들은 일본에 진 빚을 갚는 것이 경제적 자주권을 지키는 길이라 여겼다. 이에 국민 성금으로 국채를 갚자는 국채보상운동을 일으켰다. 대구가 그 시작점이었고 중심에 서상돈이 있었다. 국채보상운동이 왜 대구에서 시작되었는지 알려면 주도한 사람들을 알아야 한다.

서상돈은 1850년 10월 17일 경상북도 김천에서 태어났다. 어린 나이에 부친을 잃고 10세 때 대구로 이주해 자리를 잡게 된다. 천주교 신자들의 도움을 받아 보부상 일을 시작했고 낙동강 배편을 이용해 소금, 쌀, 종이, 기름 등을 교역하면서 큰

국채보상운동을 시작한 광문사
부사장 서상돈.

부자가 되었다. 이후 교회와 빈자들을 위한 봉사 활동을 했고 천주교회가 대구에 여러 학교를 설립하는 과정에 적극 동참했다. 특히 1896년 독립협회가 창립되자 재무담당 간부로 활동하는 한편, 독립협회가 주도한 만민공동회에 참여해 외세의 내정 간섭을 규탄하며 국권 수호에 힘썼다. 독립협회는 1898년 고종 황제가 군대를 풀어 진압하면서 강제로 해산된다.

서상돈은 독립협회 해산 이후 1906년 대구에서 김광제와 함께 광문사를 설립하고 부사장을 맡았다. 광문사는 오늘날의 출판사로 다산 정약용 등 여러 실학자들의 서적과 당시 사용되던 교과서 등을 간행했다. 이 사업에는 대구 지역의 거대 상인, 지주층, 전직 관료, 개명 유교 지식층 등이 동참했다. 1906년 6월부터는 대한매일신보의 대구지사 사무도 맡아 지역사회의 문화적 구심체 역할까지 도맡았다. 이 시기 서상돈은 빚 때문에 나라를 빼앗기는 국가적 위기를 정확하게 간파하고 있었다.

1907년 2월 16일 광문사는 대동광문회로 명칭을 바꾸기 위한 특별회의를 개최했다. 이 자리에서 부사장 서상돈은 "나라 빚 1300만 원을 갚지 못하면 장차 땅이라도 떼어주어야 할 터이니, 우리 이천만 동포가 담배를 끊고 그 대금으로 1인당 한 달에 20전씩 모으고 나머지는 특별 모금을 하면 석 달 만에 모두 갚을 수 있다"며 국채보상운동을 제안하고 거금 800원을 내놓았다. 사장인 김광제 등 회원들은 전원 찬성했고 그 자리에서 모금을 해 2000원을 모았다. 이어 서상돈은 '국채보상운동 취지서'를 작성해 전국 각지에 배포하고 많은 참여를 호소했다. 그 내용은 다음과 같다.

> 국채 1,300만 원은 바로 우리 대한의 존망에 직결된 것이라. 갚으면 나라가 존재하고 갚지 못하면 나라가 망하는 것은 대세가 반드시 그렇게 이르는 것이다. …… 2,000만 인이 3개월 동안 담배를 끊고 그 대금으로 1인마다 20전씩 징수하면 1,300만 원이 될 수 있다. …… 우리 2,000만 동포 중에 애국 사상을 가진 이는 기어이 이를 실시해서 삼천리 강토를 유지하게 되기를 바란다.
>
> – 국채보상운동 취지서, 대한매일신보(1907. 2. 21.)

국채보상운동은 곧바로 큰 호응을 얻었다. 황성신문, 대한매일신보 등 민족 언론기관이 적극 후원하면서 파급력은 더욱 거세져 갔다. 서울에 국채보상기성회가 조직된 이후 각지에서 국채보상운동을 이끌어 나갈 다양한 단체들이 조직되었다. '국채 상환을 통한 국권 수호'라는 명목 하에 노비부터 황제까지 모든 계층이 참여했다. 고종 황제는 국채보상운동의 취지에 공감해 즐겨 피우던 담배를 끊고 세자의 혼례까지 연기했다. 궁궐 안의 관리들도 고종 황제의 뜻에 따라 모금 운동에 참여했다. 장안의 갑부들도 두터운 지갑을 열었고 일본 유학생이나 미주·러시아의 교포들도 동참했다. 나라를 지키는 모금 운동에는 신분의 구별도 차별도 없었다.

당시 독자가 가장 많았던 대한매일신보에는 모금에 대한 미담이 차고 넘쳤다. 그중 하나를 소개하면 다음과 같다. 충주 사람들이 의연금을 갖고 서울로 가다가 어느 고갯길에서 도적 떼를 만나게 된다. 도적 두목이 칼을 휘두르며 위협하지만 그들은 돈을 내놓기는커녕 국채보상의 취지를 설득한다. 그러자 부끄러움을 느낀 두목은 오히려 제 호주머니를 털어 성금을 맡기고 물러갔다는 것이다.

국채보상운동은 근대 여성운동의 시작이라고 평가되기도 하는데 그 중심에 대구 여성들이 있었기 때문이다. 대구 남일동에 사는 부인 7명은 국채보상운동이 시작되자 '남일동 패물폐지부인회'를 조직하고 '여성도 남성과 다르지 않다'는 점을 호소하며 애지중지하던 은장도, 은비녀, 은가락지 등을 내놓았다. 남일동 부인들의 호소문은 대한매일신보를 통해 전국 여성들에게 알려졌고, 뜻을 같이하는 여성단체가 전국적으로 조직된다.

농민·상인·군인·학생뿐만 아니라 부녀자·기생·승려 등 다양한 계층이 참여해 담배 끊기, 음주 절제, 금은 패물 헌납 등으로 3개월 만에 20만 원에 이르는 성금이 모아졌다. 그러자 일본 통감부는 국채보상운동이 단순히 나라 빚을 갚자는 운동이 아니라 국권 회복 운동이자 항일 운동이라 생각했다. 이에 국채보상 성금을 수합하던 대한매일신보의 양기탁을 보상금 횡령이라는 누명을 씌워 구속하는 등 관계자들을 탄압했다. 결국 일본의 방해와 탄압으로 국채보상운동은 목적을 이루지 못하고 중단되었다.

비록 국채보상운동은 실패로 끝났지만 국권 회복이라는 분명한 목표의식 아래 애국심을 고취시키고 민족적 공동체 의식을 강화할 수 있었다. 대구시는 국채보상운동의 숭고한 정신을 기리기 위해 중구 동인동에 4만2509제곱미터 규모의 국채보상운동 기념공원을 조성했다. 공원 내에 있는 22.5톤 규모의 달구벌대종은 해마다 '제야의 종' 타종식을 진행하는 곳이다.

2017년 10월에는 국채보상운동 기록물이 유네스코 세계기록유산으로 등재되는 경사도 있었다. 등재된 기록물은 1907~1910년 일어난 국채보상운동의 전 과정을 보여주는 자료들로 우리나라 세계기록유산 중 유일한 근대 기록물이다. 주권을 되찾기 위한 시민운동이 진정한 세계인의 문화유산으로 인정받게 된 것이다. 대구의 시민 정신으로 이어져 온 이 문화 유산의 정신과 가치는 앞으로도 영원히 대구에 살아 있을 것이다.

국채보상운동 기념공원에 세워진 기념비.

학생들, 불의에 맞서다

2·28 민주운동

모든 도시는 저마다 독특한 분위기를 가지고 자신만의 이미지를 구축한다. 그 이미지는 시대에 따라 변화하기도 한다. 오늘날 대구는 '보수의 본진' '보수의 심장'으로 여겨지지만 과거에는 '항쟁의 도시'이자 '민주화의 성지'였다. 1907년 일본의 경제 침략에 맞선 국채보상운동을 시작으로 1946년 미군정에 맞선 10월 항쟁, 1960년 4·19 혁명의 도화선이 된 2·28 민주운동 등 굵직한 사건이 모두 대구에서 시작되었다.

우리나라 최초의 민주화 운동이자 4·19 혁명의 도화선이 된 2·28 민주운동은 대구의 학생들이 부정부패가 극에 달했던 이승만 정권의 불의에 맞서 목소리를 낸 시위였다.

1950년대 이승만 정부의 반공 독재와 부정부패가 계속되는 가운데 경제적 어려움이 더해지자 민심은 정부에 등을 돌렸다. 이승만 지지세력이 모인 자유당은 1960년 3월 15일에 실시 예정인 제4·5대 정·부통령 선거를 앞두고 대통령에 이승만, 부통령에 이기붕을 내세웠다. 당시 이승만을 대적할 유일한 대안으로 국민의 기대를 한 몸에 받던 민주당의 대통령 후보 조병옥이 선거를 한 달 앞둔 2월 15일 급서함으로써 이승만의 대통령 당선은 확정적이었다. 그러나 86세 고령인 이승만에게 건강상의 문제가 생겨 국정 운영이 어려워질 경우 부통령이 대통령직을 승계해야 했기 때문에 자유당과 이승만 정부는 반드시 이기붕을 부통령으로 당선시키고자 부정선거를 계획하게 된다.

이승만 정부와 자유당은 현직 부통령이자 강력한 야당 부통령 후보였던 장면으로 인해 이기붕의 당선을 자신할 수 없었다. 이러한 상황 속에서 선거를 15일 앞둔 1960년 2월 28일 일요일, 장면의 유세가 대구에서 예정되면서 전 국민의 이목이 집중된다. 대구는 1956년 제3·4대 정·부통령 선거에서 장면의 부통령 당선에 결정적인 역할을 해 야도(野都)로서 명성이 높았던 시기였다.

자유당 경북도당은 장면 후보의 선거 유세 현장에 사람들이 몰리지 않도록 미리 대구 시내 각 기관장과 각급 학교장을 소집했다. 그리고 2월 28일에 동네와 직장 단위로 각종 행사를 열게 하고, 정치에 민감한 고등학생들에게는 '일요 등교 방침'이라는 괴상망측한 조치를 꺼낸다. 경북고는 학기말 시험, 대구고는 토끼 사냥, 경북사대부고는 임시수업, 대구상고는 졸업생 송별회, 대구여고는 무용발표회 등의 명목으로 일요일 등교 지시를 내린 것이다.

학생들은 곧바로 학교별 긴급회의를 열어 그 부당함을 지적하고 학교에 일요 등교 철회를 요구했지만 받아들여지지 않았다. 이에 2월 27일 오후 경북고 이대우 학생부위원장의 집에 경북고, 대구고, 경북사대부고 등의 학생들이 모여 부당한 일요 등교에 항의하기 위한 시위를 결정하고 상호 연락망을 구축한 뒤 결의문을 작성한다.

> 백만 학도여! 피가 있거든 우리의 신성한 권리를 위하여 서슴지 말고 일어서라. 학도들의 붉은 피가 지금 이 순간에도 뛰놀고 있으며, 정의에 배반되는 불의를 쳐부수기 위해 이 목숨 다할 때까지 투쟁하는 것이 우리의 기백이며, 정의감에 입각한 이성의 호소인 것이다.
>
> – 〈대구 경북고등학교 학생들의 결의문〉

2월 28일 낮 12시 55분, 경북고 학생부위원장 이대우 등이 학교 조회단에 올라 이 결의문을 낭독했다. 이어 경북고 학생 800여 명은 "민주주의를 살리자" "학원의 자유를 달라" "학생들을 정치 도구로 이용하지 말라" 등의 구호를 외치며 이승만 정부와 자유당의 불의와 부정을 규탄하고 일제히 궐기했다. 그리고 학교를 뛰쳐나와 대구 시내 중심가로 행진했다.

대구는 학생들의 함성으로 뒤덮인다. 경북고를 시작으로 교문 돌파에 어려움을 겪던 대구고 학생들도 시위대에 합류하고, 경북사대부고와 대구상고 등의 학생들은 교내에서 단식농성에 돌입하거나 학교 담을 넘어 시위대에 합류했다. 장면 후보 유세장으로 간 경북여고, 대구여고, 대구공고, 대구농림고 등의 학생들도 산발적인 시위를 계속했다. 시위대는 인구가 밀집한 중앙통 매일신문사를 거쳐 경북도청과 대구시청, 자유당 경북도당사, 경북도지사 관사 등을 돌며 자유당 정권의 불의를 규탄했다. 시민들은 경찰에게 구타당하는 학생들을 숨겨주고 학생 시위대에 박수치며 동조했다.

이승만 정부는 학생들의 평화 시위를 폭력으로 진압했다. 경찰은 저녁 7시 40분쯤 시위대를 강제 해산하고 주동 학생 30여 명 등 300여 명을 연행하는 한편 각 학교의 교사들에게 책임을 추궁했다. 이승만 정부는 시위 확대를 우려해 학생들을 모두 석방했지만, 대구에서 28~29일 양일간 계속된 학생들의 시위는 부정선거 반대 운동의 도화선이 되었다. 3월 2일 민주당은 자유당의 부정선거 계획을 폭로했다.

1960년 3월 15일 선거 당일, 이승만 정부와 자유당은 공무원, 경찰, 정치 폭력배 등을 동원해 공개투표, 투표함 바꿔치기, 개표조작 등의 방법으로 대대적인 부정선거를 자행한다. 이것이 3·15 부정선거다. 그 결과 이기붕의 득표율이 100퍼센트

1960년 3 · 15 선거 포스터. 조병옥 후보가 선거 한 달 전 사망하는 바람에 사진이 게재되지 않았다.

가깝게 나오자 자유당은 부정선거를 감추려고 득표율을 낮추어 발표한다. 이에 전국 각지에서 부정선거를 규탄하는 시위가 일어났다.

정부는 시위에 강경 대응하고 그 과정에서 여러 명이 목숨을 잃었다. 4월 11일 마산 앞바다에서 학생 김주열이 최루탄에 맞아 숨진 채 발견되자 시위는 전국으로 빠르게 확산되었다. 19일 서울에서 대학생과 중고생, 시민 등 10만여 명이 이승만 독재와 부정선거를 규탄하며 대통령이 있는 경무대로 향했다. 이때 경찰이 시위대를 향해 무차별 총격을 가해 많은 사상자가 발생했다. 그럴수록 시위는 더욱 확산되었다.

정부는 계엄령을 선포하고 군대를 동원해 시위를 진압하려했다. 그러나 4월 25일 대학 교수들이 '학생의 피에 보답하라'고 적은 플래카드를 앞세우며 대통령 퇴진을 요구했고 26일에는 초등학생들까지 시위에 참여했다. 마침내 이승만은 4월 26일 "국민이 원한다면 물러나겠다"는 성명을 발표하고 미국 하와이로 망명했다. 이로써 부정부패와 부정선거로 얼룩진 이승만 정권은 막을 내렸다.

4·19 혁명은 부패한 독재 정권을 학생들이 주도하고 시민들이 참여해 무너뜨린 민주 혁명으로, 한국 민주주의 발전의 새로운 계기가 되었다. 그리고 4·19 혁명의 시작점에는 대구 학생들이 주도한 2·28 민주운동이 있었다.

1960년 2월 28일 도청으로 향하고 있는 경북고 학생 시위대의 모습.

제4부

대구의 별이 된 인물들

왕을 대신한 죽음
고려 개국공신 신숭겸

대구광역시 기념물 제1호는 고려의 개국공신이자 충신인 신숭겸 장군 유적지다. 역사를 잘 아는 사람이 아니라면 대구에 고려의 유적이 있다는 사실을 신기하게 여길 것이다. 이에 대해 설명하려면 대구 팔공산 근처에서 있었던 고려 왕건과 후백제 견훤 사이의 치열한 전쟁 이야기를 해야 한다.

10세기 초 신라 말의 혼란을 틈타 지방에서 성장하던 견훤과 궁예는 세력을 모아 독자적인 정권을 수립했다. 서남 해안 지역의 군인이었던 견훤은 전라도 지방의 군사력과 지방 호족의 지원을 받아 나주와 무진주(광주)를 차례로 점령한 뒤 900년 완산주(전주)에 도읍을 정하고 후백제를 세웠다. 신라 왕족 출신 궁예는 도적의 무리 속에서 힘을 길러 강원도, 경기도 일대, 황해도 지역까지 세력을 키웠고, 901년 송악(개성)에 도읍을 정하고 후고구려를 세웠다. 이에 따라 신라는 지배권이 금성(경주) 일대로 축소되어 다시 삼국이 정립되는 후삼국 시대가 전개되었다.

신라가 후삼국으로 분열된 후 후백제를 세운 견훤과 후고구려를 세운 궁예는 점차 세력을 넓혀 나갔다. 송악(개성)의 호족인 왕건은 궁예의 부하가 되어 수군을 이끌고 후백제의 나주 지역을 점령하는 등 많은 전공을 세우며 점차 주변의 신망을 얻었다. 궁예가 스스로를 살아 있는 미륵불로 칭하고 주변 인물들을 숙청하며 무리하게 나라를 이끌어 가자, 이에 반발한 신하들이 마침내 궁예를 몰아내고 왕건을 왕으로 추대했다. 918년 왕건은 고구려 계승을 내세워 국호를 고려라 정하고, 자신의 세력 근거지였던 송악으로 천도한다.

당시 궁예를 축출하고 앞장서서 왕건을 추대한 네 명의 장군이 있었다. 궁예의 기병장으로 있던 배현경, 홍유, 복지겸 그리고 신숭겸이다. 신숭겸은 "폭군을 폐위하고 현명한 사람을 세우는 것은 천하의 대의"라며 궁예 폐위에 앞장섰고, 고려를 개국하는 데 큰 공을 세운다.

신숭겸은 원래 이름이 능산으로, 전라도 곡성에서 태어나 강원도 춘천에서 성장했다. 젊은 시절의 활동에 대해서는 별다른 기록이 없는데, 조선 중종 때 편찬된 지리서 《신증동국여지승람》에서 태조 왕건과 신숭겸의 일화를 하나 볼 수 있다.

개경으로 천도한 어느 날 태조와 신숭겸이 황해도 평산으로 사냥을 나갔다. 태조는 기러기 떼가 하늘을 나는 것을 보고 누가 활로 쏘겠냐고 물었다. 이에 신숭겸이 자원했고 "몇 번째 기러기를 쏠까요?" 하고 물었다. 태조가 웃으며 "세 번째 기러기의 왼쪽 날개를 쏘아라"고 하자 신숭겸은 정말 그대로 맞추었다. 활솜씨에 감탄한 태조는 평산 지역의 땅을 주고 평산을 본관으로 삼게 하는 한편, 신숭겸이라는 성과 이름까지 하사하였다.

후삼국 초기 태조의 고려와 견훤의 후백제는 한반도의 패권을 둘러싸고 치열한 접전을 벌였는데 후백제가 고려보다 우세한 모습을 보였다. 이 격렬한 대치 속에서 하나의 변수가 신라였다. 태조는 신라에 적대적이었던 견훤과 달리 적극적인 우호 정책을 펼쳤다. 후백제를 고립시키고 신라인들을 회유하고자 한 것이다.

태조가 고려의 왕이 된 지 10년이 되던 해인 927년, 큰 사건이 일어난다. 후백제 견훤이 직접 군을 이끌고 신라의 수도 경주로 진격했다. 이에 신라 경애왕은 고려에게 원병을 청한다. 그러나 견훤은 고려군이 오기 전에 신라 수도 경주를 함락시킨 후 경애왕을 자살하게 하고, 새로 경순왕을 세운다.

태조는 신라의 급보를 받고 개경에서 직접 정예 군사 5000명을 끌고서 경주로 출전했다. 뒤늦게 신라에 도착한 태조는 견훤의 군사를 공격하기 위해 이들이 후백제로 돌아가는 길목인 팔공산의 동수라는 지역에 군사를 대기시켰다. 그래서 이 전투를 '공산전투' 또는 '동수전투'라고 한다. 공산전투는 태조의 예상과는 전혀 다른 방향으로 전개된다. 견훤은 신속한 기동전을 펼쳐 공산과 그 주변 일대에서 매복, 역매복, 산발적인 기습 등 다양한 방법으로 고려군의 허를 찌르며 승리한다. 태조와 고려군은 패배를 거듭했고 후백제군에 포위되어 큰 위기를 맞이한다.

태조의 목숨이 위태로운 순간에 신숭겸이 나선다. 그가 태조의 황금 투구와 갑옷으로 갈아입고 수레를 타고 적군을 유인해 싸우는 동안 태조는 병졸의 옷으로 변장하고 도망간다. 신숭겸을 에워싼 후백제군은 "왕의 목을 베었다"고 외치며 그의 목을 창에 꿰어 승리를 자축한 뒤 포위망을 풀고 돌아갔다. 태조는 생애 최대의 패배를 겪었지만 충신들의 죽음으로 목숨을 건졌다. 이 전투에서 신숭겸, 김락 등 8명의 충성스러운 장수가 순절했다고 해서 후일 '공산'을 팔공산(八公山)으로 부르게 되었다. 역사학자들은 공산전투에서 태조가 죽었다면 후삼국 통일의 주인공은 견훤이 될 수도 있었다고 한다.

견훤의 군사들이 물러가자 태조는 신숭겸의 시신을 찾으러 돌아왔다. 목이 없어 시신을 구분할 수 없는 상황에서 유금필이 신숭겸 왼발 아래에 북두칠성 모양의 사마귀가 있다는 사실을 알려주어 시신을 찾을 수 있었다. 태조는 머리가 없어진 신숭겸의 시체를 끌어안고 통곡했다. 신숭겸의 시신에 황금으로 얼굴을 만들어 광해주(현재 춘천)에 안장하고 '마음이 아주 곧고 꿋꿋하며 의리가 있다'는 뜻으로 '장절(壯節)'이라는 시호를 하사했다.

태조는 신숭겸이 자신의 옷을 입고 싸우다 전사한 자리에 지묘사와 순절단을 세워 명복을 빌었다. 순절단은 신숭겸의 피 묻은 흙과 옷을 수습해 묻고 쌓은 것이라 전해진다. 순절단을 수호하던 지묘사에 관한 내용은 전해지지 않는데, 고려 후기 폐사된 것으로 추정된다. 이후 조선 후기 후손들이 신숭겸의 충절을 추모하기 위해 옛 절터에 세운 표충사, 순절단을 중건해 쌓은 표충단, 표충단 왼편의 순절비와 오른편의 400년 묵은 배롱나무 세 그루가 오늘날까지 전해지고 있다. 이것이 바로 1982년 3월 4일 대구광역시 기념물 제1호로 지정된 동구 지묘동의 신숭겸 장군 유적지다.

대구광역시 동구 일대는 지금까지도 공산전투에 얽힌 지명이 남아 있다. 팔공산을 비롯해 신숭겸과 김락이 전사한 곳이라는 '미리사', 왕건의 군대가 패배한 곳이라는 '파군재', 왕건을 살린 신숭겸의 지혜가 오묘해서 붙여진 '지묘동', 왕건이 도망가다 바위에서 쉬었다는 '독좌암', 늙은 병사들은 다 낙오하고 젊은 병사들만 겨우 따라오고 있다고 해서 붙여진 '불로동', 왕건이 비로소 안심했다는 '안심', 반달이 떠서 도망가는 길을 비췄다는 '반야월' 등이다.

태조는 공산전투 패배 3년 후인 930년 경상북도 안동에서 고창전투를 승리하며 후백제와의 경쟁에서 우위에 서게 된다. 후백제에 내분이 일어 견훤이 고려에 귀순하자 신라 경순왕도 고려에 항복한다. 태조는 936년 후백제의 신검을 공격해 후삼국을 통일한다. 공산전투 이후 9년 만의 일이었다.

왕을 대신해 죽은 신숭겸은 충절의 상징으로 고려뿐만 아니라 조선, 그리고 430여 년이 지난 오늘날까지 추앙받고 있다. 신숭겸 유적지는 널리 알려진 곳은 아니지만 요즘 새로운 명성을 얻고 있다. 나이 든 배롱나무가 화사한 꽃을 피워 사진 찍기 좋은 명소로 입소문이 났기 때문이다. 배롱나무 꽃이 필 때 이곳에 들러 충절의 의미를 돌아보는 것도 좋겠다.

신숭겸 장군 유적지의 표충단. 장군의 피 묻은 옷과 순절 당시의 흙을 모아 만든 단이다.

임진왜란 최초의 의병장
홍의장군 곽재우

전근대 사회의 영웅은 전쟁에서 전설적인 전과를 이루어낸 을지문덕, 강감찬, 이순신 등이었다. 대구 출신의 전쟁 영웅으로는 임진왜란이라는 국가 위기 속에 의병을 일으켜 전란 극복에 공헌한 곽재우가 있다.

곽재우의 조상들은 현풍 곽씨의 본향인 대구 달성군 현풍읍에 터를 잡고 살아왔다. 하지만 곽재우는 1552년 외가인 경상남도 의령군에서 태어나 청년기까지 보낸다. 20대에는 여러 관직을 역임한 아버지 곽월을 따라다니며 다양한 경험을 쌓는다. 1585년 34세의 나이로 과거에 합격했으나 작성한 답안이 선조의 뜻에 거슬린다는 이유로 며칠 만에 합격이 무효가 된다. 이후 벼슬길에 나아가기를 포기하고 고향에 내려와 평생을 은거하고자 한다. 하지만 세상은 그를 내버려두지 않았다.

일본에서 도요토미 히데요시가 전국 시대의 혼란을 수습하고 대륙 침략의 야욕을 실현하기 위해 조선 침략을 결정한다. 1592년 4월 13일 도요토미 히데요시의 명을 받은 16만 대군이 9개 부대로 나뉘어 조선을 침략한다. 동아시아 삼국을 뒤흔든 임진왜란 7년 전쟁이 시작된 것이다. 당시 조선의 총 병력은 14만5000여 명이었지만 실제로 칼을 잡고 전투에 참여할 수 있는 정예군은 고작 8000명에 불과했다.

조선은 전쟁 초기 부산진과 동래성에서 일본군에 맞서 싸웠으나 막아내지 못했고, 신립이 충주 탄금대에서 전투를 벌였지만 대패했다. 20일 만에 한성이 함락되고, 선조는 의주로 피란해 명에 지원군을 요청했다. 일본군은 계속 북상해 평양을 점령하고 함경도 지방까지 침략했다. 조선군은 패전을 거듭하면서 장수들과 병사들은 싸울 생각은 하지 않고 도망가기에 급급했다.

이때 육지에서는 전국 각지에서 의병이 일어나 향토지리에 밝은 이점을 활용해 일본군에게 큰 타격을 주었다. 패전으로 치닫던 흐름을 바꾼 최초의 의병이 곽재우다. 40세의 장년 곽재우는 임진왜란이 발발한 지 9일 만에 자신의 고향 경상남도 의령에서 의병을 일으켰다. 처음에는 집안의 종들 10명이 고작이었다. 곽재우를 미친 사람이라거나 도적 노릇을 한다고 비웃는 사람도 많았다. 하지만 그가 자신의 재산을 털어 사람들에게 나눠주며 병사들의 가족까지 돌보고, 솔선수범하는 모습을 보이자 의병의 수는 점점 늘어나 2000여 명에 이르렀다.

곽재우는 가는 곳마다 승리를 거두었다. 경상남도 남강의 나루터 정암진전투에서 2000여 명의 의병으로 열 배나 많은 일본군 2만여 명에 맞서 대승을 거둔 후 의령, 합천 등을 수복했고, 이어 현풍, 창녕, 영산의 일본군까지 섬멸했다. 일본군에 비해 전력과 물자에서 모두 열세였지만 매복작전과 기습공격 등 다양한 전술 전략을 세워 연전연승을 거두었다. 전장에 나서면 적병이 많고 적고 간에 항상 선두에 나서서 지휘했으며, 단 한 명의 의병이라도 위기에 빠지면 반드시 구출했다. 이에 의병들은 곽재우에 대한 신뢰를 바탕으로 목숨을 아끼지 않고 싸웠다.

곽재우는 전장에 나갈 때마다 붉은 옷을 입었으며 스스로 '천의홍의대장군'이라 일컬었다고 한다. '홍의장군'이라는 그의 별명은 여기서 유래한 것이다. 곽재우는 자신이 입은 옷까지도 전투에 활용했다. 많은 호각대를 조직해 그들에게 자신과 똑같은 붉은색 옷을 입혀 산 정상 곳곳에 매복시켰다. 그리고는 일본군이 접근하면 일시에 호각을 불고 여러 방향에서 동시에 공격했다. 동쪽에서 나타났다가 다시 서쪽에서 나타나는 홍의장군의 모습에 일본군이 놀라는 순간 인근에 잠복해 있던 정예부대가 일제히 공격해 적을 섬멸했다.

곽재우의 활약은 피란 중이던 선조의 귀에도 들어갔던 것

같다. 선조는 임진왜란이 한창 전개되던 시기에 경상도와 전라도의 정황을 확인하면서 꼭 집어 "곽재우는 지모가 있는가?"라며 신하에게 묻는다.

> 신이 그 사람을 만나보지는 못했지만 대체로 그 사람됨이 보통은 아닙니다. 의병을 남보다 제일 먼저 일으켜 4월 20일 사이에 군대를 일으켰는데 처음에는 사람들이 의심했었지만 신은 의심하지 않았습니다. 그는 적을 사로잡으면 목을 베지 않고 심장을 구워 먹습니다. 의령·합천 지역이 온전한 것은 곽재우의 공입니다.
>
> –《선조실록》

일본군의 심장을 구워 먹는다는 부분에서 크게 놀랐을 것이다. 곽재우의 속내는 알 길이 없지만 의도된 행동으로 여겨진다. 전쟁 초기 경상도 지역이 철저히 무너졌던 상황에서 '일본군은 무적'이라는 선입견과 패배의식을 깨부수고 싶었을 것이다. 일본군의 심장을 구워 먹으면서 '일본군도 조선인과 똑같은 오장육부를 가진 존재'이고 '칼이나 화살을 맞으면 죽는다'는 사실을 직접 보여줌으로써 의병들의 사기를 올리고 공포심을 없애고자 했던 것은 아니었을까.

곽재우를 비롯한 의병들의 활약이 없었다면 임진왜란의 결과는 달라졌을지도 모른다. 하지만 대부분의 의병장들은 활약만큼 대우를 받지 못했다. 의병의 활약이 커질수록 관군의 역할이 미비했음을 인정하는 것인데, 이는 조선 정부에게 큰 부담이었다. 의병장에 대한 백성의 신망이 두터웠기에 자칫 모반을 꾸미지 않을까 하는 불안감도 있었다.

곽재우는 큰 활약을 했던 김덕령, 이산겸 등의 의병장들이 억울한 누명으로 희생되자 회의감을 느꼈던 것 같다. 전쟁이 끝난 후 지방관이나 병마절도사, 수군통제사 등에 임명되지만 잠시 부임했다가 사임하고 고향으로 돌아가기를 반복했다. 이 문제로 조정의 탄핵을 받고 유배를 갔다가 2년 만에 풀려나기도 했다. 이후 완전히 세상과 인연을 끊고 대구 비슬산에 들어가 곡식을 먹지 않고 솔잎만 먹고 사는가 하면, 경상남도 창녕에 정자를 짓고 세상의 근심을 잊는다는 뜻으로 '망우정'이라 명명한 뒤 여생을 보낸다. 그의 호 망우당은 여기서 유래한다.

곽재우는 1617년 65세의 나이로 생을 마감한다. 그의 묘는 현재 대구 달성군에 있다. 대구광역시는 곽재우를 기리기 위해 1972년 동구 효목동에 그의 호를 따 '망우당공원'을 조성했다. 공원에는 대구읍성 남문으로 일제 강점기에 철거되었다가 1980년 이곳에 중건된 영남제일관 누각, 말을 탄 채로 손을 들어 달려 나가려는 듯한 모습을 한 곽재우 동상, 망우당기념관, 임란호국영남충의단 전시관, 제단인 임란호국영남충의단, 항일독립운동 기념탑 등이 있다.

대구광역시 동구는 망우당공원을 향후 호국 테마공원으로 조성해 국가 차원의 지원과 관리를 얻고자 추진 중이다. 망우당공원을 충절을 테마로 한 명소로 재평가하려는 움직임이다. 계획이 차질 없이 진행되어 대구 사람들의 애국심 함양에 기여할 수 있기를 바란다.

곽재우를 기리기 위해 조성된 망우당공원에는 대구읍성과 함께 철거된 영남제일관을 복원해 놓았다.

곽재우의 유품을 보관하고 있는 망우당 기념관 내부.

조선인이 된 일본 사무라이
김충선 장군

여러 이유로 일본으로 귀화하는 한국인은 많지만 일본인이 한국으로 귀화하는 일은 매우 드물다. 하지만 놀랍게도 대구 달성군 가창면 우록리에는 400여 년 전 임진왜란에 반대하며 자신의 조국 일본과 싸웠던 청년 장수의 이야기가 전해지고 있다. 조선인이 되기를 선택한 일본인, 조선을 동경한 일본 사무라이 사야가다.

1592년 4월 14일, 16만 명의 왜군이 9개 부대로 나뉘어 부산에 상륙해 조선 침략을 시작한다. 칼과 창을 내세운 조선군은 일본군의 신무기 조총을 당해낼 수 없었고, 부산진은 함락되었다.

일본군이 연전연승을 거듭할 때 조총부대의 대장 사야가는 수천여 명의 부하들과 함께 홀연히 사라진다. 그는 처음부터 임진왜란을 명분 없는 전쟁으로 보았다. 일본군이 무고한 어린

대구제일교회는 교세가 커지자 1994년 청라언덕 동쪽 구 영남신학교 대지에 새 건물을 지었다.

한 · 양 절충식으로 지은 스윗즈 주택(위)에는 대구 최초의 서양 사과나무 3세목(아래)이 남아 있다.

8각형 고딕식 쌍둥이 종탑 때문에 '뾰족집'이라는 별명을 얻은 계산성당은 결혼식 장소로 인기가 높다.

©Insik Hwang

김광석 다시 그리기 길은 대구의 명소가 되어 슬럼가로 방치된 방천시장을 살려냈다.

신숭겸 유적지는 나이 든 배롱나무가 화사한 꽃을 피워 사진 찍기 좋은 명소로 인기다.

이상화가 1936년부터 1943년 사망할 때까지 살았던 고택은 대구 근대 골목길 중 가장 인기 있는 장소다.

희움 일본군 위안부 역사관은 고통의 역사를 왜곡하지 못하도록 엄중한 감시자 역할을 하고 있다.

2006년 월성동 유적에서 뗀석기 유물이 발견되면서 대구는
한반도 문명의 출발지 중 하나인 유서 깊은 도시가 되었다.

그린타운
Humansia
206
205

앞산 전망대에서 바라보는 대구 시내 전경.

케이블카를 타면 5분 만에
앞산 정상에 오른다.

아이와 부녀자를 무자비하게 학살하는 모습에 큰 회의를 느꼈다. 특히 본인의 목숨보다 부모의 목숨을 소중히 여기고 늙은 부모를 등에 업고 도망치는 조선인의 모습에서 큰 감명을 받았다고 한다. 4월 20일 사라졌던 22세 청년 사야가는 경상도 병마절도사 박진에게 투항을 요청하는 편지를 보낸다.

> 나는 비겁하지도 못나지도 않았고, 나의 부대는 절대 약하지도 않다. 그러나 조선의 문화가 일본보다 발달하였고, 학문과 도덕을 숭상하는 군자의 나라를 짓밟을 수는 없으므로 귀순하고 싶다.
>
> –《모하당문집》

박진은 고심 끝에 사야가를 받아들이고, 사야가는 조선의 편에 서서 일본에 총을 겨눈다. 적진의 선봉장으로 활약했던 만큼 적의 동향을 누구보다 잘 알고 있었다. 곳곳에서 다양한 전략과 전술로 일본군을 놀라게 했다. 경상도 의병들과 힘을 합쳐 경주의 이견대전투를 승리로 이끌었고, 울산성전투에서는 과거 자신을 지휘했던 가토 기요마사의 군대를 섬멸했다. 사야가가 세운 공로는 전투뿐만이 아니었다.

> 제가 귀화한 이후에 조선의 무기를 둘러보니 비록 칼, 창, 도끼, 활이 있지만 전투에서는 쓸 만한 무기가 거의 없으니 개탄

> 할 일입니다. 제가 화포와 조총 만드는 법을 알고 있으니 이 기술을 군중에 널리 가르쳐 전투에 쓴다면 어떤 싸움엔들 이기지 못하리까?
>
> –《모하당문집》

사야가는 자신이 알고 있던 조총과 새로운 화약 제조 기술 및 사격 기술을 조선군에게 알려주었고, 공방에서는 조총을 생산할 수 있었다. 당시 이순신 장군은 사야가에게 편지를 보내 조총과 화포에 화약을 섞는 법을 물어보기도 했다. 사야가의 활약으로 조선군은 불과 1년도 지나지 않아 신식 무기 조총으로 무장해 일본군과 대등한 전투가 가능해졌다.

1598년 임진왜란이 끝난 후 선조는 사야가의 공로를 인정해 벼슬을 내리고 새로운 이름을 지어주었다. '바다를 건너온 모래(沙)를 걸러 금(金)을 얻었다'는 의미를 담아 김씨 성을 주었고, 바다를 건너왔다 하여 본관을 김해(金海)라 했다. 일본 이름 사야가(沙也加)에 모래(沙)가 있는 것을 고려한 선조의 뛰어난 작명 센스였다. 이름은 충성스럽고 착하다 하여 충선(忠善)이라 했다. 김충선 가문에서는 김해 김씨지만 수로왕의 후손들이 아닌 까닭에 특별히 앞에 '임금이 내려준 성씨'라는 뜻의 '사성(賜姓)' 두 글자를 붙여 '사성 김해 김씨'라고 부르기도 한다.

김충선은 임진왜란이 끝나자 대구 달성군 가창면 우록리에 터를 잡고 정착한다. 이후 조선이 위기에 빠질 때마다 해결사 노릇을 했다. 북쪽 변방 방어를 자청해 1603년부터 1613년까지 10년 동안 함경도에 머무르며 여진의 침략을 막아냈다. 광해군은 그 공을 칭찬해 정2품 정헌대부 벼슬과 함께 '자원해 줄곧 지켰으니 그 마음 가상하도다(自願仍防其心加嘉)'라는 여덟 글자의 어필을 하사했다.

1623년 광해군이 명을 배신하고 동생을 죽였다는 이유를 들어 인조반정이 일어나면서 인조가 왕위에 오른다. 이때 이괄은 인조반정 때의 공신이었으나 적절한 대우를 받지 못한 것에 불만을 품고 반란을 일으켰다. 1624년 이괄의 난이 일어나자 54세의 노장 김충선은 직접 진압에 나섰고, 이괄의 부장인 서아지를 참수하는 등 맹활약을 펼친다.

인조는 반정의 정당성을 인정받기 위해 명을 가까이하고 후금을 멀리하는 친명배금 정책을 전개한다. 후금은 이에 불만을 품고 1627년 조선을 침략해 정묘호란을 일으킨다. 김충선은 또다시 참전해 큰 공을 세운다. 1636년 후금은 나라 이름을 '청'으로 바꾸고, 조선에 군신 관계를 요구한다. 인조가 이를 거부하자 청 황제 홍타이지가 직접 군대를 이끌고 조선을 침략하면서 병자호란이 일어난다. 왕의 출전 명령이 하달되지도 않았는데 66세 고령의 김충선은 곧장 한양으로 출발한다.

인조가 남한산성에서 저항한다는 소식을 듣고 인근으로 이동한 김충선은 150여 명으로 조직된 선봉군으로 청군을 공격해 승리를 거두기도 한다. 하지만 인조와 대신들은 45일 만에 청에 굴복하고 말았다. 김충선은 우록리로 돌아와 자손들에게 글을 가르치고 고기잡이와 사냥을 하며 지내다 72세로 삶을 마감한다.

임진왜란과 이괄의 난, 병자호란 때 많은 공을 세워 '삼란 공신'으로 불렸던 김충선. 현재 그의 후손은 11개 파로 전국에 7500명쯤 된다. 우록리에는 지금도 후손들이 집성촌을 이루어 살고 있으니 400여 년을 지켜온 마을인 셈이다.

대구에는 김충선 장군을 만날 수 있는 공간이 있다. 우록마을 입구에서 10여 미터 걸어가면 녹동서원이 나온다. 1794년 정조 때 김충선을 제향하기 위해 선비들이 뜻을 모아 임금에게 건의해 건립했다. 녹동서원 뒤에는 김충선의 위패를 모신 사당 녹동사가 있다. 2012년에는 녹동서원 옆에 '한일 우호관'이 들어섰다. 지금은 일본 관광객이 대구에 가면 꼭 들리는 명소다.

우록마을에 건립된 녹동서원.

녹동서원 안 녹동사에 있는
김충선 장군 영정.

사실주의 문학의 기틀을 마련한

소설가 현진건

요즘 지자체마다 지역 출신 근대 작가를 기리는 작업이 활발하다. 대구는 한국 근대문학사에서 단편소설 장르와 사실주의 문학의 기틀을 마련한 작가로 평가받는 현진건을 재조명하고 있다. 살아생전 역사와 시대를 사실적으로 그려낸 작가, 술을 좋아한 주정뱅이 작가, 일장기 말소 사건으로 투옥된 언론인, 신문 기사 제목을 잘 뽑아내던 기자 등의 평가를 받았다. 학창 시절 그의 소설 〈운수 좋은 날〉을 교과서에서 공부하지 않은 사람은 없을 것이다.

현진건은 대구에서 태어나고 자랐으며, 대구 사람과 결혼하고, 평생 대구 말을 사용한 소설가였다. 1900년 계산동에서 4형제 가운데 넷째로 태어난 현진건은 여덟 살이 되자 대구노동학교에 들어가 신학문을 배우기 시작한다. 1915년 16세의 나이로 혼인한 그해 서울 보성고등보통학교에 입학했다가 이듬해 자퇴하고, 일본으로 건너가 도쿄 세이소쿠 영어학교에 들어간다.

1917년 귀국해 대구에서 이상화, 백기만, 이상백과 함께 동인작문집 《거화》를 발간했다. 대구 지역 근대문학을 싹틔운 첫 동인지라는 상징성을 갖고 있는 책이다. 이후 다시 일본으로 건너가 도쿄의 세이죠 중학교에 편입했고, 1918년 다시 귀국해 대구에 머물다가 독립운동을 하는 형 현정건이 있는 중국 상하이로 가서 후장대학에서 독일어를 공부한다. 이듬해인 1919년 귀국해 후손이 없었던 당숙 현보운의 양자로 들어가면서 본격적으로 서울 생활을 시작한다. 그리고 당숙 현의운의 소개로 1920년 첫 소설 〈희생화〉를 발표하면서 중앙 문단에 진출한다.

〈희생화〉 이후 20년간 장편·단편 20여 편과 7편의 번역소설, 그리고 여러 편의 수필과 비평문을 남긴 그의 작품 경향은 민족주의적 색채가 짙은 사실주의다. 1920년대에는 지식인을 주인공으로 하는 자전적 신변소설, 하층민과 민족적 현실에 눈을 돌린 소설을 발표했고, 1930년대에는 민족혼을 담은 역사 장편소설을 썼다. 발표 순서대로 작품을 읽으면 이 세 단계의 변화 과정을 느낄 수 있다.

첫 단계는 〈빈처〉(1921), 〈술 권하는 사회〉(1921), 〈타락자〉(1922) 등이 해당하는데, 여기 등장하는 '남편'은 모두 일제 강점기에 유학까지 다녀온 지식인으로 그들은 출세를 원하지만 사회의 벽에 가로막혀 좌절한다. 당대 지식인의 모습이자 현진건 자신의 모습이라 할 수 있다. 둘째 단계는 내면의 고민에서 벗어나 세상을 향해 눈을 돌려 가난하고 소외된 계층의 실상을 작품에 담아낸다. 〈할머니의 죽음〉(1923), 〈운수 좋은 날〉(1924), 〈고향〉(1926) 등이 있다. 셋째 단계는 역사를 통해 일제강점기를 극복하고 어떻게 새로운 시대로 나아가야 하는지를 말한다. 〈무영탑〉(1938~1939), 〈흑치상지〉(1939~1940) 등이 대표적이다.

현진건은 대구에 많은 흔적을 남기지는 않았다. 어린 시절과 청소년기를 대구에서 보내고 20세 이후부터는 서울에서 계속 살았기 때문이다. 그래서 현진건에 대해 '과연 대구 작가인가?'라는 질문을 던지기도 한다.

현진건에게 식민지 대구는 어떤 의미였을까? 작가에게 대구는 봉건적 가치와 생활 규율에 얽매이지 않고 신문화를 학습하는 장소였다. 특히 대구를 기점으로 경성, 중국, 일본 등을 오가는 유학 체험은 근대적 주체로 성장하는데 결정적인 계기가 된다. 대구에서 조선의 얼굴을 그리는 작가로 성장한 것이다. 여기서 주목할 만한 두 작품이 있다.

21세에 발표한 첫 소설 〈희생화〉에는 구도덕의 희생자인 남자 K가 나온다. 대구 청년인 남자 K는 소설 속에서 대구 사투리와 표준어를 동시에 구사하는데, 소설 속 사투리는 오늘날 중요한 학술자료로도 활용되고 있다.

> 내가 어지(어제)도 올라카고(오려 하고), 아레(그저께)도 올라캣지마는(오려 했지만) 올라칼(오려 할) 때마다 동무가 차자와서(찾아와서) 올 수가 잇서야지(있어야지).

부모가 대구에 살고 자신은 당숙 집에 유숙하고 있다는 사실에서 K를 현진건 자신으로 보기도 한다. 또는 혼인한 지 3일 만에 독립운동을 하러 중국으로 망명을 떠난 셋째 형 현정건으로 보기도 한다. 어쨌든 〈희생화〉의 등장인물에게 대구는 고향이라는 의미와 함께 가족사의 위기를 내포한 공간이다.

> 그는 대구 사람이다. 그의 부모는 아직도 대구에서 산다. 서울 있는 오촌 당숙집에 그는 유숙하고 있었다. 그는 서울 온 지가 벌써 5, 6년이 지내었으므로 사투리는 거의 안 쓰게 되었으나 때때로 우리를 웃기려고 야릇한 말을 하였다.

1926년 27세에 글벗집에서 발행한 단편집 《조선의 얼골》에 수록된 〈고향〉은 그의 작품 가운데 지역성이 가장 많이 담겨 있다. 대구에서 경성으로 이동하는 열차 안에서 '그'를 만나 이야기를 나누는 장면을 보면 전형적인 대구 사투리를 구사한다. 현진건의 소설 속 대구는 고향이자 연민의 공간, 가족사의 공간이었다. 무엇보다 빼앗긴 땅, 빈곤의 땅으로써 민족적 비극을 담은 등장인물의 삶을 조명하는 공간이었다.

현진건을 단편소설의 거장으로만 기억하기에는 아쉬움이 많다. 그는 1920년 조선일보를 시작으로 주간지 동명과 시대일보, 동아일보를 거치면서 신문사 사회부장만 10년 넘게 한 정통파 기자였다. 뛰어난 문장력은 물론 기사 제목을 잘 붙이기로도 유명했다. 총독부 관리들의 폐부를 찌르는 제목, 반일 감정을 자극하는 유형의 제목을 곧잘 짜냈다.

그의 기자 생활은 일장기 말소사건으로 마감한다. 1936년

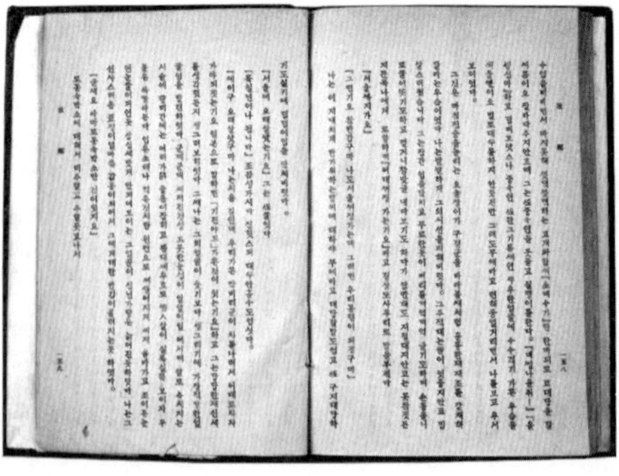

1926년 글벗집에서 발행한 단편집 《조선의 얼골》에 수록된 현진건의 단편소설 〈고향〉.

손기정 선수는 제11회 베를린 올림픽 마라톤 대회에서 우승했다. 당시 동아일보 사회부장이던 현진건은 월계관을 쓰고 시상대에 오른 손기정 선수 사진의 가슴 부분에 박힌 일장기를 지워 한국인이라는 점을 부각시켰다. 이로 인해 징역 1년 형을 선고받아 투옥하면서 강제로 신문사를 떠나게 된다. 이후 역사 장편소설의 연재가 일제의 탄압으로 중단되자 작품 활동마저 접는다. 결국 화병으로 폭음하다 결핵으로 1943년 4월 23일 44세의 젊은 나이에 생을 마감한다. 공교롭게도 그의 동향이자 문우였던 시인 이상화도 같은 날 위암으로 대구에서 별세했다.

현진건의 대구 생가와 서울 고택 그리고 서울의 묘소는 개발 과정에서 사라져 버렸다. 전국 수백 개의 문학관 중 '현진건 기념관'은 없다. 2024년이 되어서야 생을 마감했던 서울 동대문구 제기동에 '현진건 기념 도서관'이 만들어진다.

그렇다면 대구라도 나서서 소설가 그리고 언론인으로서 식민지 현실을 직시하고 꼿꼿한 자세로 일관한 현진건의 삶을 기억할 필요가 있지 않을까? 현진건이 태어난 대구 계산동에 그를 기리기 위한 공간적 콘텐츠가 생겨나고 대구문학관, 이상화 고택으로 이어지면서 대구의 '계산문학로드'가 만들어지는 상상을 해본다.

빼앗긴 들에서 봄을 노래한

시인 이상화

시인 이상화는 1901년 대구 서문로 2가에서 4형제 가운데 둘째로 태어났다. 일곱 살에 아버지를 여의고 큰아버지의 손에서 자랐다. 14세까지 대구에서 공부하고 15세가 되던 해인 1915년 서울 중앙학교로 진학했다. 하지만 학교생활에 적응하지 못하고 낙향한 다음 강원도 일대를 유랑했다.

1919년 3·1 운동이 일어나자 항일운동에 뛰어든다. 대구고등보통학교에 다니던 친구 백기만 등과 함께 계성학교 학생들과의 연락책으로 활약하면서 3월 8일 서문 밖 장터에서 있었던 만세운동에 독립선언문을 배포하는 등 거사에 주도적인 역할을 맡았다. 이 사건으로 일제의 감시를 받게 되자 검거망을 피해 서울에 있던 친구 박태원의 하숙집으로 옮긴다.

한동안 숨어 지내다 1922년 고향 친구 현진건의 소개로 《백조》 동인에 참가하면서 문단에 발을 내딛는다. 당시 문학계는 3·1 운동 이후 민족적 비관과 절망으로 실망·퇴폐·비애·동경 등이 담긴 낭만주의 문학운동이 전개되고 있었다. 《백조》는 1922년 1월에 창간해 낭만주의 문학운동의 구심적 역할을 하며 3호까지 발간된다. 이상화는 창간호에 〈말세의 희탄〉을 발표하고 이듬해 〈나의 침실로〉를 발표해 상징적인 수법으로 미지의 신비와 꿈의 세계를 동경하는 낭만시의 극치를 보여준다.

'마돈나' 지난 밤이 새도록 내 손수 닦아 둔 침실로 가자, 침실로

여기서 '침실'은 좌절과 절망적 현실을 떠난 영원의 안식처다. 그 안식처를 프랑스에서 찾으려고 했던 것일까. 이상화는 1923년 일본 도쿄에서 프랑스 유학을 준비하지만 식민지 현실은 낭만을 허락하지 않았다. 관동대지진이 발생하자 일본이 "조선인이 방화했으며, 우물에 독약을 뿌리고 일본인을 살해한다"는 유언비어를 퍼뜨리면서 죄 없는 한국 사람들을 무참하게 학살하는 모습을 목격하고는 고향으로 돌아오게 된다.

귀국 이후 낭만주의 문학에서 탈피하고 민족의 현실로 눈을 돌린다. 1925년 서울에서 좌파 문인들과 문학단체 카프(KAPF) 창립에 주도적인 역할을 한다. 이들은 조선 민중이 처한 식민지 현실을 고발하고 계급 모순을 적극적으로 비판하는 것이 문학의 역할이라고 여겼다. 25세이던 1926년 《개벽》 6월호에 대표작이 된 〈빼앗긴 들에도 봄은 오는가〉를 발표한다.

일제에 대한 저항의식과 조국에 대한 애정을 절실하고 소박한 감정으로 노래한 시다.

> 지금은 남의 땅—빼앗긴 들에도 봄은 오는가?
>
> 나는 온몸에 햇살을 받고
>
> 푸른 하늘 푸른 들이 맞붙은 곳으로
>
> 가르마 같은 논길을 따라 꿈속을 가듯 걸어만 간다.
>
> (중략)
>
> 그러나 지금은-들을 빼앗겨 봄조차 빼앗기겠네.

대구는 이상화의 출생지지만 작품 속 대구는 그 이상의 의미를 가진다. 〈빼앗긴 들에도 봄은 오는가〉에서 노래한 조선의 자연적 요소들은 식민지 대구에서 그가 체험하거나 발견한 것들이다. 이상화의 아우 이상백은 그 배경지를 '대구 남구 대명동 일대의 앞산 보리밭'으로 특정했다. 학자들은 '수성못 둑에서 수성들을 바라보며' 구상한 작품이라거나 '청라언덕에서 수성들을 바라보며' 구상한 작품이라는 해석도 한다.

시의 7연에는 '나비 제비야 깝치지 마라. 맨드라미 들마꽃에도 인사를 해야지'라는 구절이 있다. 사전대로라면 나비 제비야 '까불지(깝죽대지) 마라'란 뜻인데, 의미를 종잡을 수 없다. 하지만 경상도 사람들은 안다. '깝치지 마라'는 '재촉하지 마라' 혹은 '서두르지 마라'란 뜻의 경상도 사투리다. 시인은 대구 지방 사투리를 써서 시적 정서를 한껏 높인 것이다.

이상화는 민족혼을 일깨우기 위한 창작 활동을 멈추지 않았다. 〈통곡〉(개벽, 1926), 〈도-쿄-에서〉(문예운동, 1926), 〈파-란비〉(신여성, 1926), 〈선구자의 노래〉(개벽, 1925), 〈조선병〉(개벽, 1926), 〈비 갠 아침〉(개벽, 1926), 〈저므는 놀 안에서〉(조선문예, 1928) 등을 발표한다. 그가 남긴 시는 시조를 합해 60여 편 정도로 알려져 있다.

그 시절 저항시인이 평탄한 삶을 살기란 사실상 불가능했다. 대구에 낙향해 있던 이상화는 28세가 되던 1928년 'ㄱ당 사건'에 연루되어 대구 경찰서에서 심한 고초를 겪는다. 독립운동 자금을 마련하기 위해 노차용, 장원택 등이 대구 달성군에 사는 부호를 권총으로 협박한 사건이다. 당시 이상화는 자신의 집 사랑방을 '담교장'이라고 불렀는데 그곳에 많은 항일 인사들이 출입했다고 한다. 1936년에는 맏형 이상정 장군을 만나러 중국으로 건너가 독립을 위한 국내조직 결성을 협의했다(이상정은 중국군 장군으로 대한민국 임시정부에서도 활약한 독립운동가다). 하지만 1937년 귀국하자 곧바로 일본 경찰에 붙잡혀 2개월간 구금되어 다시 심한 고초를 겪는다.

구금이 풀리자 대구 교남학교(현 대륜중·고등학교)에서 조선어, 영어, 작문 교사로 일하며 교가를 작사했다. 하지만 교가가 불온한 내용을 담고 있다는 이유로 가택 수색을 당해 그간 써

온 시 원고를 모두 압수당한다. 이후 교남학교를 나와 문학에 열중했으나 1943년 4월 25일 위암 악화로 평생의 소원이었던 빼앗긴 들의 봄날을 보지 못한 채 숨을 거두었다. 지금도 대륜고등학교는 그가 작사한 교가를 사용하고 있다.

대구에는 이상화 시인을 만나보고 느낄 수 있는 공간이 있다. 대구 근대 골목길 중 가장 인기 있는 장소로, 이상화가

이상화와 형제들. 앞줄 왼쪽이 이상화 시인이다.

1936년부터 1943년 사망할 때까지 살았던 고택이다. 이 고택은 도시 개발로 허물어질 위기에 처했었으나 시민들의 서명 운동 및 후원으로 2008년부터 일반에 개방되어 현재까지 보존되고 있다. 고택 내부 곳곳에 그가 생전에 사용했던 물건 및 각종 자료가 전시되어 있다.

한 손에는 펜, 한 손에는 총을 든
저항시인 이육사

'시인'이라고 하면 하얀 얼굴에 뿔테 안경을 쓰고 예민한 성격과 가녀린 목소리를 가진 캐릭터로 그려질 때가 많다. 우리가 생각하는 그런 이미지에서 완전히 벗어난 인물이 있다. 한 손에는 펜, 한 손에는 총을, 또는 한 손에는 종이, 한 손에는 폭탄을 쥐었던 저항시인 이육사다.

이육사는 1904년 경상북도 안동시 도산면에서 태어났다. 퇴계 이황 후손들의 집성촌이자 선비 정신이 가득 담긴 곳에서 어린 시절을 보냈다. 그런데 우리가 알고 있고 알아야 하는 이육사는 대구에서 만날 수 있다. 그가 신문물을 배우고 독립에 대한 의지를 행동으로 옮긴 곳이 바로 대구다.

1920년 대구로 이사 온 16세 소년 이육사는 1937년 서울로 이사하기 전까지 대구에서 살았다. 일본과 중국으로 유학을 떠날 때 적을 둔 곳도, 사회 활동과 신문기자 생활을 통해 독립운동의 첫걸음을 뗀 장소도 대구였다. 대구에서 독립운동가와 시인의 길을 함께 걸었다.

이육사는 대구에서 신식 학교를 다니고 1924년 9개월 간의 일본 유학을 다녀온 후 본격적으로 독립운동을 시작한다. 1925년부터 1927년까지 중국 유학을 할 때는 독립운동가들과 교류하면서 여러 독립운동 단체와 관계를 맺는다. 1927년 중국 베이징에서 귀국하는데 그해 10월 '조선은행 대구지점 폭파사건'에 연루되어 형 원기, 동생 원일까지 세 형제가 모두 투옥된다. 이 사건은 독립운동가 장진홍이 선물이라며 벌꿀 통에 폭탄을 넣어 은행에 전달하고 그 폭탄이 폭발하면서 일본 경찰들에게 중경상을 입힌 사건이다. 경찰은 장진홍이 피신한 상태에서 아무런 증거도 찾지 못하자 대구에서 독립운동과 관련해 의심 가는 인물을 모조리 잡아들였다. 이육사도 붙잡혀 옥고를 치르는데 장진홍이 체포되면서 1년 7개월 만에 풀려났다. 이때 감옥에서 받은 수인번호가 264번이었는데, '육사'라는 호는 여기서 따온 것이다.

이육사는 출소 직후 중외일보 대구지국 기자로 입사하지만 신문사가 1년 만에 재정난으로 문을 닫자 조선일보 대구지국 기자가 된다. 당시 신문은 식민지 현실 속에서 지식인들이 자신의 생각과 의견을 표현할 수 있는 중요한 통로였다. 이육사는 신문 기자로 활동하면서 대구청년동맹과 신간회 대구지회에 참여해 항일 격문을 배포하는 독립운동을 전개한다. 이게 바로 1929년 11월 광주학생항일운동의 연장선상에서 이루어진 '대구격문사건'이다. 일본에 맞서 광주에서 일어난 학생들의 시위가 전국으로 확산되자 대구에서는 1930년부터 학생들이 동조해 동맹휴학에 들어갔다. 그리고 1931년 1월, 대구 거리와 전봇대에 일본을 배척하는 내용의 격문이 나붙고 뿌려지는 사건이 일어났다.

이육사는 대구격문사건 배후 조종자로 지목되어 두 달 간 옥고를 치른다. 이때부터 이원록이라는 본명 대신 이육사라는 필명을 쓰게 되는데, 소리는 같지만 뜻이 다른 여러 '육사'를 사용했다. 처음에는 '역사를 도륙낸다'는 뜻의 육사(戮史)를 썼고, 다음에는 '고기를 먹고 설사한다'는 뜻의 육사(肉瀉)를 썼다. 전자는 치욕의 역사를 부정하고 이를 찢어버리는 일을 하겠다는 뜻이고, 후자는 일본이 우리 민족을 수탈해 배를 채웠지만 곧 탈이 날 것이라는 뜻이다. 마지막으로 사용한 육사(陸史)는 우리가 그를 부를 때 쓰는 그 육사다. 반만년 오랜 역사를 지닌 땅은 결코 사라지지 않는다는 뜻이다.

이육사는 출소 직후 신간회 대구 지회가 해체되자 1932년 중국의 심양, 톈진, 북경을 거쳐 난징에 도착한다. 톈진에서는 윤세주를 만나 인생에서 가장 중요한 선택을 하게 된다. 윤세주는 1919년 김원봉과 함께 중국 지린에서 일제 고위 관리나

친일파 거두를 처단하고, 식민 통치 기관과 착취 기관을 파괴하기 위해 의열단을 조직한 인물이다. 이육사는 윤세주가 의열단 단장 김원봉이 교장으로 있는 조선혁명간부학교에 입교를 제안하자 3주 간의 고민 끝에 수락한다. 의열단은 1920년대 후반부터 개인 폭력투쟁에 한계를 느껴 새로운 방향을 모색하고 있었다. 특히 조직적인 항일 무장투쟁을 실시하기 위해 1932년 조선혁명간부학교를 설립하고 군사 훈련을 실시했다.

이육사는 이 학교의 1기생으로 군사학, 정치학 등의 이론과 비밀통신, 사격, 폭탄 제조 및 폭파 등 군사기술을 배우고 6개월 과정을 수료했다. 이후 귀국해 차기 교육 대상자 모집, 국내 민족의식 고취 등 비밀 임무를 띠고 활동했다. 그러나 1934년 3월 의열단 및 조선혁명간부학교 출신이라는 이유로

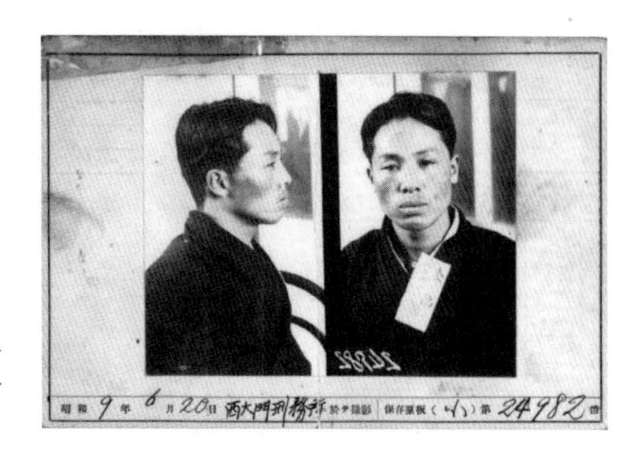

1934년 서대문형무소에 수감된 30세의 이육사.

서울에서 일본 경찰에게 검거된 뒤 7개월 동안 서대문형무소에 투옥되어 혹독한 고문을 받은 후에야 풀려날 수 있었다.

감옥살이로 인해 건강이 악화되면서 또다시 중요한 선택의 기로에 놓이게 된다. 의열단의 밀명을 계속 수행할 것인지, 건강을 이유로 독립운동을 그만두고 일반인의 생활로 돌아갈지에 대한 고민이었다. 오랜 고민 끝에 글을 통해 민족의식을 깨우치고 일제에 대한 저항 정신을 일깨우기로 결정했다.

이육사는 1934년부터 1944년 북경에서 순국하기까지 10년 정도의 기간 동안 시 40편(한시 3편 포함), 소설 3편, 수필 14편, 문예 및 문화비평 7편, 시사평론 9편, 기타 11편(방문기, 서간문, 앙케트 등) 등 81편의 작품을 남기며 문학을 통한 항일 투쟁을 이어갔다. 대표작은 〈청포도〉(1939), 〈절정〉(1940), 〈광야〉(1945), 〈꽃〉(1945) 등이다. 모두 학창 시절 국어 교과서에서 만났던 작품들이다.

다시 천고(千古)의 뒤에
백마(白馬) 타고 오는 초인이 있어
이 광야에서 목놓아 부르게 하리라

시 〈광야〉에서 '광야'는 우리 민족의 삶의 터전, 즉 조국의 땅을 상징한다. 백마 타고 오는 초인은 광복을 이룩해 줄 인물,

즉 민족의 뛰어난 지도자를 뜻한다. 광복에 대한 확고한 의지와 확신을 드러내고 있다.

이러매 눈 감아 생각해 볼밖에
겨울은 강철로 된 무지갠가 보다.

시 〈절정〉의 마지막 대목이다. 이 문장에서 시인은 '겨울'이라는 일제 강점기 현실 속에 '강철'로 표현된 시련과 단련의 시기를 지나면 결국 '무지개'라는 희망의 독립이 찾아올 것이라는 의지를 드러낸다. 극한의 극한까지 내몰린 민족의 처지를 재확인하고 그 현실을 극복하려는 의지는 일제에 대한 저항 의식과도 같다. 그래서 〈광야〉와 〈절정〉은 대표적인 저항시로 평가받는다.

내 고장 칠월은
청포도가 익어 가는 시절.
(중략)
아이야, 우리 식탁엔 은쟁반에
하이얀 모시 수건을 마련해 두렴.

이육사는 자신의 시 가운데 〈청포도〉를 가장 좋아했다고 한다. 심지어 "내가 어떻게 저런 시를 썼는지 모르겠다"는 자

《육사시집》 초판본.

화자찬도 했다. "내 고장은 조선이고 청포도는 우리 민족인데, 청포도가 익어 가는 것처럼 우리 민족의 독립도 익어 간다. 그러면 곧 일본도 끝장 난다"면서 스스로 시의 해석도 밝혔다.

이육사는 1941년 일본이 민족말살 통치의 일환으로 한글 작품 발표를 막자 1943년 4월 다시 중국 북경으로 건너갔다. 그곳에서 중국 충칭에 있는 대한민국 임시정부로부터 무기를 국내로 들여와 일본과 직접 싸울 계획을 세우기도 했다. 하지만 그해 7월 어머니와 형의 첫 제사를 지내기 위해 귀국했다가 일본 경찰에 체포되어 중국 북경으로 압송되었다. 북경 감옥에서 가혹한 고문을 이겨내지 못하고 몇 달 후인 1944년 1월 15일 파란만장한 생애의 마침표를 찍는다.

그는 끝내 조국 독립을 보지 못했다. 〈광야〉에서처럼 백마 타고 오는 초인을 목 놓아 불렀으나 초인을 만나지 못했고, 〈청포도〉에서처럼 하이얀 모시 수건을 식탁에 올려놓지 못했다. 하지만 일제 강점기 누구보다 치열하게 항일 운동과 독립 투쟁을 한 민족 저항시인으로 우리에게 영원히 기억될 것이다.

이육사에게 40년 짧은 생애의 절반 가까이를 보낸 대구는 특별한 의미가 있다. 대구는 항일 투쟁을 행동과 사건으로 실천한 지역이자 장소였다. 이에 대구시는 이육사를 기리기 위해 생전에 살았던 중구 남산동에 이육사 기념관을 개관했다. 동성로를 방문한다면 대구에서의 이육사의 삶과 행적을 확인해 보는 것은 어떨까.

서민적 감성으로 방천시장을 살려낸
가수 김광석

영국 런던에는 한 시대를 풍미한 록밴드 비틀스가 횡단보도 위를 걷은 콘셉트로 앨범 〈애비 로드〉의 표지 사진을 찍어 유명해진 애비 로드가 있다. 비틀스의 앨범명에서 이름을 따와 멤버 4인의 고향인 영국 리버풀을 둘러보는 '매지컬 미스터리 투어'도 큰 인기를 누리고 있다. 이같은 대중음악 스토리텔링을 대한민국 대구에서도 볼 수 있다.

집 떠나와 열차 타고 훈련소로 가는 날
부모님께 큰절하고 대문 밖을 나설 때

고(故) 김광석이 불렀던 〈이등병의 편지〉를 모르는 대한민국 남자는 없을 것이다. 군대를 갔다 온 남자나 이제 곧 입대할 남자들은 이 노래를 듣거나 부르면서 가슴이 먹먹해지고 눈물을 삼킨다. 이밖에도 〈서른 즈음에〉 〈사랑했지만〉 〈먼지가 되어〉〈어느 60대 노부부 이야기〉 등 수많은 노래가 지금도 대중의 감성을 자극한다.

김광석의 목소리를 직접 들을 수는 없지만 대구에서 '김광석 다시 그리기 길'을 통해 그의 노래를 추억할 수 있다. 이 길의 이름은 1993년과 1995년에 발매된 〈김광석 다시 부르기〉 앨범 시리즈에서 착안한 것이다. '그리기'라는 단어는 김광석을 '그리워하다(想念, Miss)'와 '그린다(畵, Draw)'라는 중의적 의미를 가진다. 대중가수의 이름을 따서 노래와 삶을 예술적으로 창작한 사례는 우리나라에서 처음이었다. 그래서 이 길의 의미가 크다.

'김광석 다시 그리기 길'은 전통시장 살리기 프로젝트 일환으로 전개된 '문전성시 프로젝트'로 탄생했다. 방천시장 뒷골목은 과거 밤에는 함부로 다니지 못할 정도의 위험한 분위기에다 하수구의 악취까지 올라오는 대구의 대표적인 슬럼가였다. 대구시는 방천시장을 살리기 위해 2009년 11월부터 '김광석 다시 그리기 길'을 조성하기 시작했다. 그런데 이 길의 주인공은 다른 사람이 될 수도 있었다.

당시 프로젝트를 두고 온갖 이야기가 나왔다. 자치단체와 문화계 등 각계 인사들이 머리를 맞대고 고민한 끝에 방천시장이 배출한 인물 세 명을 최종 후보에 올렸다. 대우그룹을 창업한 고 김우중 회장과 프로야구 삼성 라이온즈의 프랜차이즈 스타 양준혁 선수 그리고 가수 고 김광석이다. 김우중 회장은 한국전쟁 직후 시장에서 신문 배달을 했다. 양준혁 선수는 아버지가 시장에서 가방을 팔았고, 본인은 때마침 2010년에 은퇴해 화제의 중심에 있었다.

김광석은 1964년 방천시장 근처의 번개전업사에서 3남 2녀 중 막내로 태어났다. 1968년 가족과 함께 서울 장충단공원 근처로 이사했다가 초등학교 4학년 때 할머니의 병수발을 위해 대구로 내려와 동덕초등학교를 5학년까지 다녔다. 6학년 때 다시 서울로 올라가 계속 생활하고 활동하게 된다.

1987년 학창시절 친구들과 '동물원'이라는 이름의 밴드로 활동을 시작했고, 1989년 솔로 1집을 내놓은 이후 1994년 4집 앨범까지 수많은 명곡을 남겼다. 1991년부터 1995년까지 대학로 학전소극장을 중심으로 라이브 공연 1000회라는 경이적인 기록을 세워 한국 대중음악계의 전설이 되었다. 그러다 별안간 1996년 1월 6일 31세의 젊은 나이로 자택에서 숨을 거둔다. 후배 음악인들은 그의 노래를 리메이크하고 추모 음반을 내고 추모 콘서트를 했다. 지금도 수많은 가수가 그를 존경하고 그리워한다.

사실 세 명의 후보 중 김광석은 방천시장과 가장 인연이 약했다. 짧은 유년기를 보낸 것이 전부고, 방천시장을 추억하는 노래를 부른 것도 아니다. 그런데 왜 길의 주인공이 된 것일까?

'문전성시 프로젝트'는 시장 내의 방치된 상가를 예술가들에게 내주고 이곳에서 창작활동 및 전시를 할 수 있도록 지원해 주는 사업이다. 예술작품으로 관객을 유도해 자연스럽게 시장 상권을 되살리는 효과를 기대한 것이다. 프로젝트에 참여한 젊은 문화예술인들은 쓸쓸한 골목 분위기가 김광석의 음악과 잘 맞는다고 판단했다. 이들이 김광석을 반대하는 상인들을 설득해 프로젝트가 시작됐다. 20명의 지역 미술 작가들이 김광석에 관한 이야기를 벽화로 그렸다. 2010년 90미터 구간으로 시작한 벽화 작품은 수성교~송죽미용실 간 350미터로 완성되었다.

환하게 웃고 있는 김광석, 오토바이를 탄 김광석, 포장마차 사장으로 변한 김광석 등 친근하고 익살스러운 그의 모습이 기다란 골목길의 벽면을 가득 채우고 있다. 김광석 조형물, 골목 방송 스튜디오, 270석 규모의 야외공연장까지 더해져 김광석의 음악을 알린다. 공방, 꽃꽂이, 캘리그라피 등 다양한 문화생활을 한곳에서 즐길 수 있는 공간이 늘어나고 1970~1980년대의 종이 딱지와 과자 등이 즐비한 '추억의 문방구'도 여럿 입점해 있다. 이 길은 평일에 수백 명, 주말에는 1만 명 가까운 관광객이 찾아오는 대구의 명소가 되었고, 방천시장도 살아나기 시작했다. 대형마트로 빠져나갔던 손님들이 다시 돌아온 것이다. 이 손님들 중에는 방천시장에서 10분 거리에 살고 있는 나의 부모님도 포함된다.

오랜만에 대구로 내려갔을 때 부모님이 웃으면서 "동진아, 요새 재미있는 거리가 생겼데이. 구경도 하고 저녁도 먹고 오자"라고 말하셨다. 이곳을 처음 봤을 때 대구에 김광석과 그의 노래를 기억할 수 있는 공간이 생겼다는 사실이 무척 반가웠다. 또 한적하던 방천시장이 손님들로 북적이는 모습도 놀라웠다.

김광석의 음악 인생에 대구가 어떤 의미인지는 알 길이 없다. 하지만 그를 아끼고 사랑하는 사람들은 그가 태어난 방천시장에서도 그를 기념하고 있다는 사실이 반가울 것이다. '김광석 다시 그리기 길'이 그의 노래를 기억하고 사랑하는 모든 사람들을 위해 오랫동안 잘 가꿔지길 소망한다.

김광석이 생전에 발매한 전 앨범 7장.

제5부

도시가 들려주는 이야기

천천히 입증된
한반도 문명의 출발지

대구에는 언제부터 사람이 살기 시작했을까? 정답은 땅속에 남겨진 유적과 유물을 발견해 찾아야 안다. 문자와 기록이 없는 선사 시대 사람들의 생활방식을 알아내려면 유물과 유적의 소리를 들어야 하기 때문이다.

1980년대 중반까지만 해도 연암산과 침산에서 발견된 후기 청동기 시대 유적을 근거로 기원전 4세기 이후 대구에서 사람이 살기 시작한 것으로 알려져 있었다. 그러다 1988년 경북대학교 박물관에서 초기 청동기 시대에 해당하는 달서구 월성동의 선사 유적지를 발견하면서 기원전 10세기를 전후한, 지금으로부터 대략 3000년 전쯤부터 사람이 살았다고 소급되었다.

그로부터 10년이 지난 1998년, 영남문화재연구원이 대구 북구 서변동 유적지에서 신석기 시대 유물인 빗살무늬 토기를 발굴한다. 신석기 시대에도 사람이 살았다는 사실이 확인된 것

북구 서변동에서 출토된 신석기 시대 빗살무늬 토기.

이다. 대구 고고학계는 "주변 지역에서는 구석기·신석기 시대 유적과 유물이 발견되는데 왜 유독 대구는 청동기 시대 유적과 유물만 나올까?"라는 의문을 오래 품고 있었다. 빗살무늬 토기가 나오자 "역시 이럴 줄 알았어"라는 분위기 속에 또 다른 곳에서 신석기 혹은 구석기 시대 유물이 나올 가능성이 제기되었다. 1998년 11월부터 1999년 2월까지 국립대구박물관에서 조사한 수성구 상동의 청동기 고인돌 유적지에서 또 다시 신석기 시대 빗살무늬 토기 조각이 발견된다. 이를 토대로 대구의 역사를 5천 년으로 상정할 수 있게 된다.

대구가 구석기 시대 때 정말 인적이 없던 지역이었는지, 아니면 내륙에 일어나는 침식과 퇴적에 의한 매몰로 유물을 발견할 수 없는 것인지를 확인하지 못하다가 2000년 12월 대구 역사의 출발 시기를 숨 가쁘게 앞당기는 사건이 벌어진다. 드디어 구석기 시대 유물이 발견된 것이다. 국립대구박물관에서 조사한 수성구 파동 바위그늘 유적의 제일 밑층에서 '인공이 가해진 것으로 추정되는 자갈돌'이 출토되었다. 바위그늘은 구석기인들이 자연에 존재하는 절벽의 그늘을 이용해 주거 또는 창고, 제사 등의 용도로 사용한 유적이다. 하지만 출토 유물이 한두 점에 그치면서 고고학계로부터 구석기 시대 유물로 공식 인정받지는 못한다.

그러다가 2006년 7월 26일 달서구 월성동의 아파트 신축부지 문화재 발굴현장에서 후기 구석기 시대 유물과 유적이 발굴되면서 대구 역사는 5천 년에서 2만 년 전까지로 소급된다.

수성구 파동의 바위그늘 유적.

무려 1만3175점의 구석기 유물이 출토되어 바위그늘 유적에서 다량의 유물이 출토되지 않았던 아쉬움을 완벽하게 지웠다. 월성동 유적에서 출토된 유물은 긁개, 새기개, 찌르개, 좀돌날, 세석기 등의 뗀석기가 대부분이다. 뗀석기는 시대를 구분하는 데 중요한 지표가 된다. 구석기 시대 사람들은 돌을 깨뜨려 만든 뗀석기로 사냥과 채집을 하며 살았다. 신석기 시대에는 뗀석기 대신 돌을 갈아 다양한 모양의 간석기를 만들었다.

월성동 유적에서 출토된 스타급 유물 두 가지가 있다. 좀돌날과 흑요석이다. 좀돌날은 후기 구석기 시대를 대표하는 유물로 무려 4888점이 출토되었다. 지름 5센티미터 이하 자갈돌로 요즘의 커터칼을 생각하면 쉽다. 나무껍질을 벗길 때나 가죽과 고기를 분리할 때, 물고기를 손질할 때 유용하게 쓰인다. 러시아 아르탄강, 시베리아, 몽골 일대에서 제작된 석기들의 제작 연대가 한반도보다 빠르기 때문에 북방 민족의 남하와 이주 과정에서 좀돌날 문화가 한반도에 들어온 것으로 파악하고 있다.

흑요석은 마그마가 분출되는 동안 높은 점성과 급격한 냉각에 의해 생성되는 유리질 암석으로, 깨진 유리 조각처럼 뾰족하거나 예리한 날을 만드는 데 적합한 재료다. 거친 뗀석기를 사용하던 구석기인들에게 흑요석으로 만든 좀돌날은 대단한 물건이었을 것이다. 놀라운 사실은 월성동 흑요석의 성분 분석 결과 백두산 흑요석임이 확인된 것이다. 백두산 흑요석은 경기도와 충북, 전남 지역의 구석기 시대 유적에서 발견된 적은 있지만 영남 지역에서는 대구 월성동 유적이 처음이다.

월성동 구석기인들은 어떻게 대구에서 700~800킬로미터 떨어진 백두산 흑요석을 가지고 있었을까? 백두산에서 직접 채취해 가져왔다는 설, 백두산에 살던 사람들이 흑요석을 들고 대구로 왔다는 설, 한반도 중부 지방에서 물물교환 방식으로 거래되어 대구까지 전해졌다는 설 등 의견이 분분하다. 어느 설이 맞든 흑요석 네트워크는 후기 구석기 시대 사람들의 이동 범위와 경로를 파악하는 데 중요한 실마리가 되었다.

날을 세운 돌조각들로 2만 년의 역사를 베어낸 대구는 구석기 시대에도 사람이 존재했음을 증명하며 유서 깊은 도시가 되었다. 대구 사람들은 대단한 자부심을 느끼며 당당하게 말한다. "대구도 한반도 문명의 출발지 중 하나다."

도심 곳곳에 발자국이 남은
공룡의 수도

유아기의 남자 아이들이 한 번쯤 빠져드는 동물이 공룡이다. 나도 어린 시절 숫자 100까지 세는 것은 어려워했지만 트리세라톱스니 벨로시랩터니 발음하기도 어려운 공룡 이름은 줄줄 외웠던 기억이 난다.

현재의 경상도 일대는 약 1억 년 전의 중생대 백악기에 직경 150킬로미터나 되는 거대한 호수였다. 습지와 늪, 수풀로 우거진 호수는 북쪽으로 안동, 동쪽으로 영덕과 경주 건천, 서쪽으로 성주, 남쪽으로 전남 광양에 이르렀다. 공룡의 낙원이던 이 호수의 중심에 대구가 있었다.

대구에서 공룡 발자국이 발견된 지역은 시청에서부터 평균 12킬로미터 내에 위치한다. 신천, 매호천, 욱수천 등 하천 지대를 비롯해 앞산 고산골, 동구 지묘동, 달서구 신당동, 동구 신서동 등지의 계곡이나 배수로에서 발견됐다. 공룡이 서식하기 좋은 조건을 갖추었기 때문에 넓은 곳에서 많은 발자국이 발견된 것이다. 250만 명의 인구를 가진 대도시 도심에서 공룡 발자국 화석 산지가 이토록 많이 발견된 것은 세계적으로 유례를 찾아볼 수 없는 일이다. 대구는 시 전체가 야외 자연사박물관인 셈이다.

대구의 대표 공룡 발자국은 2006년 남구 고산골 공영주차장 옆 개울 암반에서 발견된 10여 개의 화석이다. 20~30센티미터의 크기로 추정할 때 중생대 쥐라기~백악기에 번성한 4족 보행 초식공룡인 용각류와 역시 초식공룡으로 2족 보행을 하던 조각류 공룡일 가능성이 크다.

남구청은 등산로에 '고산골 공룡 발자국, 연흔·건열 화석지'라는 입간판을 설치해 등산하는 시민들이 볼 수 있도록 했다. 2015년 고산골 일대에 12억 원을 들여 공룡공원을 조성했고, 2017년에는 1400제곱킬로미터 면적을 2500제곱킬로미터로 확장했다. 캐릭터, 소형 로봇 5기를 탑재한 공룡공원 상징 게이트, 화석 발굴 체험장 2곳, 마주보고 싸우는 공룡 로봇 2기, 어린이 놀이 공간 1곳을 설치해 무료로 개방하고 있다. 공룡공원은 조성된 지 1년 만에 100만 명 넘는 관광객이 다녀갈 정도로 큰 인기를 얻고 있다.

성서지구 택지개발공사가 진행되던 와룡산 일대를 비롯해 동구 지묘동 팔공보성2차 아파트 앞 도로변, 북구 노곡동 경부고속도로변, 수성구 욱수천 태왕레전드 아파트 앞, 수성구 매호천 대백SD 아파트 앞, 앞산 고산골 입구 하천, 대구지방경찰청 뒤편 무학산 등산로 등 여러 곳에서 공룡 발자국이 발견되었다. 하지만 대구가 공룡의 수도라는 사실을 아는 사람은 많지 않다. 공룡 발자국 화석 산지의 보고임에도 입간판이 세워진 곳은 겨우 두 곳뿐일 정도로 관리가 허술하기 때문이다.

1994년 가을 신천변을 걷던 한 시민이 수성교와 동신교 사이 신천에서 4족 보행을 하는 용각류 공룡 발자국 50여 개를 발견했다. 대구에서 가장 뚜렷하게 나타나는 공룡 화석이지만 지금은 물에 잠겨 있다. 북구 노곡동 경부고속도로변에 있는 발자국을 보려면 고속도로 갓길을 걸어가야 하는데, 이마저도 잡풀이 우거져 전문가조차 찾기 어려운 상황이다. 수성구 욱수

욱수천 공룡 발자국 화석 산지.

천에서 발견된 발자국은 보존을 위해 주변에 철근을 박고 콘크리트로 막아둔 상태다. 철근을 박는다고 엄청 두들겼으니 발자국이 보존된 지층 내부는 파손될 대로 파손됐을 것이다.

공룡 발자국처럼 야외에 노출된 자연사 문화재는 인위적인 훼손은 물론 자연적인 풍화나 침식에 의해 소실될 가능성이 크므로 지속적인 모니터링과 세밀한 보존 대책이 필요하다. 미흡한 대구시의 대처는 꾸준히 지적을 받고 있다.

한국은 아직 인류학과 관련된 국립박물관이 없다. 경제협력개발기구(OECD) 국가 중 국립자연사박물관이 없는 국가는 한국이 유일하다. 일부 대학이나 지자체에서 운영하는 자연사박물관이 있지만 그 규모가 작아 세계적으로 인정받지 못하고 있다. 인류학 박물관 건립이 논의되지 않았던 건 아니지만 여전히 제자리걸음이다. 대구가 '공룡의 수도' 자격으로 국립자연사박물관을 유치할 수는 없을까? 대구에 중생대자연사박물관이 만들어져야 한다는 나의 소망이 언젠가는 이루어지길 바란다.

고통의 역사를 왜곡 말라
희움 일본군 위안부 역사관

머, 이젠…. 위안부였던 것은 잊어버리자고 마음먹어도 잊히지 가 않아, 지우려고 해도 지워지지 않는 일이야. 나는 전생에 어떤 나쁜 일을 저질렀기에 그런 벌을 받았을까 하고 생각하고 있어.

–《버마전선 일본군 위안부 문옥주》

1991년 12월 2일, 일본군 위안부로 끌려간 지 50년 만에 피해 사실을 세상에 알린 두 번째 신고자 고 문옥주 할머니의 증언이다. 대구에 거주하던 할머니는 한국정신대문제대책협의회(정의기억연대 전신)에 자신이 위안부 피해자임을 알렸다.

대구에서 태어난 할머니는 1942년 7월 9일 취직을 시켜주겠다는 조선인 업자의 말에 속아 대구에서 미얀마 랑군(양곤)의 일본군 위안소로 보내졌다. 위안소 생활은 참혹했다. 10칸으로 나눠진 내부는 가마니로 쌓은 칸막이가 쳐지고, 각 방에

위안부 피해 사실을 세상에 알린 고 문옥주 할머니.

는 이불과 베개만 놓여 있었다. 이른 아침부터 다음날 새벽까지 군인들이 찾아왔다. 하루 최소 30명, 많으면 70명의 군인을 상대해야 했다. 1945년 8월 15일 광복을 맞이했지만 3개월이 지난 후에야 고향 대구에 돌아와 어머니를 만났다. 꿈에 그리던 고향으로 돌아오는 길조차 쉽지 않았다.

> 귀국선에는 조선인만 1천 명 정도 타고 있었습니다. (…) 여자들은 거의 위안부였는데 같은 위안부라도 (…) 우리들은 꼼짝없는 거지꼴이었습니다. 그래도 살아남아 고국으로 돌아온다고 서로 붙잡고 울었습니다.
>
> –《버마전선 일본군 위안부 문옥주》

대한민국 근현대사의 가장 아픈 역사, 피해자가 생존해 있는 현재진행형 역사가 일본군 위안부 피해 문제다. 1991년 8

월 14일, 고 김학순 할머니가 피해 생존자 가운데 처음으로 공개석상에 나와 일본군이 위안소를 설치하고 한국 여성들을 강제로 동원한 사실을 세상에 알렸다. "증거를 대라"는 이들에게 "살아 있는 내가 바로 증거"라고 했다. 두 할머니가 일본 정부에 사죄와 보상을 요구하는 '아시아·태평양 전쟁 한국인 희생자 보상청구 소송'을 제기하면서 피해자 명예회복을 위한 노력이 시작된다.

두 할머니가 입을 연 당시는 위안부가 피해자로 읽히지 않던 시기였다. '성희롱' '성폭행' 등 성폭력 피해 개념이 막 등장하던 시기였으므로 일제 강점기 때 '처녀공출'이 있었다는 사실은 알려져 있었으나 해결해야 할 문제로 떠오르지는 않았다. 이러한 상황 속에서 두 할머니의 증언은 또 다른 증언으로 이어졌고 240명의 피해자가 등록되었다. 대구·경북에서는 문옥주 할머니를 시작으로 총 27명이 위안부 신고를 했다. 이후 일본, 필리핀, 인도네시아, 말레이시아, 중국, 호주와 네덜란드 등에서 추가 폭로가 이어진다.

일제의 일본군 위안부 강제 동원은 전쟁에 모든 자원과 인력을 동원하면서 비롯되었다. 일제는 1937년 중일 전쟁을 일으키고 1938년 국가 총동원법을 제정해 본격적인 인력과 물자 수탈에 나섰다. 지원병제, 징병제, 학도 지원병제 등을 실시해 청년들을 침략 전쟁에 투입했다. 전쟁이 끝날 때까지 40만 명의 한국인이 전쟁터의 총알받이로 내몰렸다. 또한 70만 명이 넘는 사람들을 일본, 중국, 사할린, 동남아시아에 강제 동원해 탄광, 군수 공장, 토목 공사장 등에서 혹사시켰다.

인적 수탈은 여성을 대상으로도 이루어졌다. 일본군은 1930년대 초반부터 군 위안소를 운영했는데 1937년 중·일 전쟁 이후 더욱 조직적으로 여성들을 전쟁터로 보내 성노예 생활을 강요했다. 강제 동원된 여성들은 전쟁 중 갖은 수모와 고통을 겪었으며, 많은 사람이 희생되었다. 전쟁이 끝난 뒤에도 정신적, 육체적 상처로 인해 불행한 삶을 살아야 했다.

고 김학순 할머니의 공개 증언 이후 일본 정부에 사죄와 배상을 요구하는 시민단체가 전국 각지에서 결성되었다. 대구에서는 대구여성회가 중심이 되어 '정신대문제대책위원회'를 조직, 위안부 문제를 공론화하고 할머니들의 활동 지원에 나선다. 1996년 10월 26일 문옥주 할머니의 사망으로 시민조직의 필요성이 공론화되고 1997년 12월 '정신대 할머니와 함께하는 시민모임'(이하 시민모임)이 결성되었다.

시민모임은 출범 이후 일본군 위안부 문제의 올바른 해결과 대구·경북 지역 피해자들의 복지 지원 활동을 전개하고 있다. 2009년에는 '희움 일본군 위안부 역사관 건립 추진위원회'를 결성한다. 피해자들이 하나둘 세상을 떠나자 그들이 겪은 고통의 역사를 기억하고 여성 인권이 존중되는 세상을 만들기 위해 역사관이 필요했다. 기금 마련을 위해 다양한 방식의 범국민 모금 캠페인을 지속적으로 전개했고 많은 시민이 힘을 모아 주었다. 예술가와 다방면 전문가들은 재능기부를 통해 동참했다.

시민모임은 2012년 '희움'(희망을 모아 꽃 피움)이라는 브랜드를 런칭한다. 그리고 일본군 위안부 피해자의 이야기와 피해자 정서 치료의 일환인 압화 작품을 모티브로 의식 팔찌, 가방, 파우치, 배지, 옷, 모자 등 여러 제품을 만들어냈다. 역사관 건립비 12억5000여만 원 중 절반이 넘는 7억 원을 희움 판매 수익금으로 마련해 지역 시민운동의 성과로 주목받기도 했다. 비영리법인 희움은 지금도 수익금 전액을 일본군 위안부 문제 해결 활동과 역사관 운영기금으로 사용 중이다.

'정신대 할머니와 함께하는 시민모임'의 활동 모습.

2015년 12월 5일 '희움 일본군 위안부 역사관'이 개관한다. 경기도 광주시의 '일본군 위안부 역사관', 부산 수영구의 '민족과 여성 역사관', 서울의 '전쟁과 여성인권 박물관'에 이어 전국에서 네 번째로 문을 연 위안부 역사관이다. 역사관의 문을 밀고 들어가면 가장 먼저 건립에 도움을 준 시민들의 이름과 함께 전시된 팔찌들을 볼 수 있다. 부끄럽지만 나와 아버지, 동생도 힘을 보태었고 이름이 새겨져 있다. 지금도 사이트를 통해 손쉽게 후원할 수 있다. 마음을 담은 후원금은 쉽지 않은 싸움을 이어가는 이들에게 큰 힘이 될 것이다.

고 김학순 할머니는 살아 계실 때 "우리들이 죽고 나면 이 일은 없었던 것이 되어 버린다"는 말씀을 자주 하셨다. 이 말은 피해자들이 대부분 돌아가신 지금 슬프게도 현실이 되어가고 있다. 일본 정부는 UN 인권기구 등에서 '위안부가 성노예는 아니었다' '강제연행은 없었다' 등의 주장을 반복하면서 역사적 사실을 왜곡하고 있다. 이러한 상황 속에서 희움은 고통의 역사를 왜곡하지 말라는 엄중한 감시자 역할을 해내고 있다.

마지막으로 꼭 하고 싶은 말은 일본군 위안부 문제를 개인의 문제로 바라보지 않았으면 한다. 이는 대한민국 국민 모두가 함께 관심을 갖고 해결해야 할 문제다. 나라가 지켜졌으면 일어나지 않았을 비극이기 때문이다.

기지와 피란처로 이중 역할

6·25 전쟁 임시 수도

임시 수도는 내전이나 외국의 침략 등으로 본래의 수도가 점령되거나 함락 위험에 처했을 때 정부가 일시적으로 수도 기능을 하도록 선택한 도시를 말한다. 고려는 몽골과의 전쟁 때 강화로 수도를 옮겼고, 조선은 임진왜란 때 의주가 임시 수도 역할을 했다. 여기서 상황이 악화되면 영토를 모두 잃고 해외로 망명한 망명정부가 되는데, 대표적으로 대한민국 임시정부가 있다.

대구는 6·25 전쟁으로 인해 대한민국의 임시 수도가 된다. 1950년 6월 25일 새벽, 북한군이 38도선을 넘어 기습 남침을 하면서 전쟁이 시작되었다. 국군은 3일 만에 서울을 빼앗기고 7월 말에는 낙동강 유역까지 후퇴했다. 이승만 정부는 서울이 함락되기 직전에 대전으로 수도를 이전했고 7월 16일 대전 전투 도중 다시 대구로 수도를 이전했다. 대구는 7월 16일부터

8월 17일까지 33일 동안 임시 수도가 되지만 다부동 전투를 전후로 대구가 위험해지자 부산으로 다시 정부를 이전한다. 대구는 부산과 달리 기간이 짧아 수도였다는 사실을 기억하지 못하는 경우가 많다.

이승만 정부는 중구 동인동 현 국채보상운동 기념공원 서북쪽에 있던 경북지사 관사를 임시 관저 겸 집무실로 삼았다. 한국은행 대구지점은 국방부 임시 청사로, 문화극장(현 CGV 대구 한일)은 국회의사당으로 쓰였다. 전쟁 32일째인 7월 27일 문화극장에서 제8회 임시국회가 열렸고, 참석 의원은 모두 130명이었다. 전체 210명 의원 중 약 38퍼센트인 80명의 생사가 묘연한 가운데 회의가 열린다. 그만큼 전쟁 상황은 좋지 않았다.

대구가 임시 수도가 되자 피란민이 몰리기 시작한다. 《대구시사》는 '30만 명의 피란민을 합쳐 대구 시민이 70만 명'으로 늘어났다고 기술한다. 대구역 주변의 각종 시설 혹은 민가에는 서울 등지에서 남하한 피란민들로 붐볐다. 피란민은 주로 신천 건너편과 대구역 뒤편 등 동부와 북부 지대, 비산동 등 서부 외곽지 일대에 모여들었다. 피란민이 계속 늘어 빈터나 유휴지뿐만 아니라 개인의 주택, 공공시설은 물론이고 도로까지도 점유되는 상황이 벌어졌다. 극심한 주택난으로 한 가옥에 수세대가 밀집하고, 무허가 판잣집이 늘어나 무질서하게 시가

지가 뻗어 나갔다.

국군과 유엔군은 낙동강을 사이에 두고 북한군과 치열한 전투를 벌이던 중 인천상륙작전에 성공해 전세를 역전시킨다. 9월 28일 서울을 수복하고 38도선을 넘어 평양을 함락했으며 압록강까지 진격했다. 대구와 부산 지역으로 피란 온 사람들 대부분이 서울을 비롯한 38선 이남 주민으로 고향이 수복되자 대부분 귀향한다. 그러면서 대구는 안정을 찾아간다.

중국은 국군과 유엔군의 북진을 경계하며 대규모 군대를 파병했다. 중국군의 대대적인 공세로 국군과 유엔군은 북한 지역에서 철수하고 1951년 1월에는 서울을 다시 빼앗겼다. 이 1·4 후퇴로 대구는 다시 피란민이 몰려들어 인구가 급증한다. 이전

대구 육군 본부.

대구역 피란 행렬.

과 달리 북한 지역 피란민까지 유입되어 전체 규모가 크게 확대된다. 1·4 후퇴로 인한 피란민 규모는 대략 500여만 명이고 그중 대구로 온 피란민은 10만~13만 명 정도로 추정된다. 이 중에는 평양에서 내려온 나의 외조부모도 포함된다. 나의 외조부모는 평양으로 돌아가지 않고 대구에 남아 정착했다.

대구는 전쟁 기간 내내 임시 수도와 상관없이 엄청난 수의 피란민을 수용하고 구호하는 역할을 맡았다. 대구시는 질서유지와 적절한 대처를 위해 '전시 국민생활 요강'을 작성해 각 가정에 배포하며 시민과 피란민의 상호협조를 호소했다. 학교는 모두 휴교했고, 교실은 후방 보급부대와 임시 육군병원으로 전환되어 반격의 기회를 제공했다.

대구시는 '긴급 군·경합동회의'와 '비상사태대책위원회'를 조직해 피란민 수용에 대한 전시행정을 준비했다. 신천 건너편, 대구역 주변, 동부와 북부 지대, 그리고 비산동 등 서부 외곽지대에 임시 수용소를 마련하고 10여 평 남짓한 수용소에 150여 명을 수용했다. 피란민이 늘어나자 기존 건물과 일반 주택을 최대한 활용하고 천막을 확보해 수용 인원을 늘리는 등 민관군의 협조와 유엔의 구호 원조로 위기를 극복해 나갔다.

1950년, 대구는 전쟁터가 아니었다. 따라서 전쟁의 흔적을 기념할 만한 역사유적은 애당초 있을 수가 없다. 하지만 대구는 전쟁 기간 동안 임시 수도 역할을 맡았고 전쟁 수행에 필요한 인력과 물자의 기지, 군 사령부와 각종 군사기관이 위치한 군사 중심지, 피란민의 피란처 등 국민의 안정과 치안상 중대한 역할을 담당했다. 우리는 대구가 6·25 전쟁 기간 동안 전쟁 기지와 피란처로써 이중 역할을 수행했다는 사실을 기억해야 한다.

각별한 마음, 아쉬운 결과

대통령의 도시

대한민국은 1948년 초대 대통령으로 취임해 제3대까지 역임한 이승만 전 대통령부터 제20대 윤석열 대통령에 이르기까지 (2024년 현재) 전·현직 대통령이 모두 13명이다. 그중 상당수가 대구에서 삶의 변혁기 또는 정치적 전환기를 맞이한다. 박정희, 전두환, 노태우, 박근혜 전 대통령이 대구와 인연을 맺고 있으니 실로 '대통령의 도시'라 부를 만하다.

대통령들에 대한 공과(功過)는 시대에 따라 재조명되고, 동시대인이라 해도 각자 처한 상황이나 세대별 경험에 따라 시각이 달라진다. 여기서는 역대 대통령의 공과를 다투기보다는 대구와의 인연에 관해서만 살펴보고자 한다.

박정희 전 대통령은 1917년 일제 강점기에 경상북도 구미에서 태어났다. 1932년부터 1937년까지 5년 동안 대구 중구 대봉동에 있던 대구사범학교를 다닌 뒤 문경보통학교에서 교직 생활을 한다. 이후 중국 만주군관학교와 일본 육군사관학교를 거쳐 군인의 길을 걷게 된다. 광복 이후에도 군 생활을 이어갔는데 1950년 6·25 전쟁이 발발하면서 육군본부가 대구에 마련되자 오랜만에 대구를 찾는다.

육군본부 정보참모로 근무하던 박정희 중령은 1950년 12월 대구 계산성당에서 육영수와 결혼식을 올린다. 1952년에는 중구 삼덕동 신혼집에서 첫딸 박근혜를 얻는다. 그에게 대구는 학창 시절과 신혼 시기를 보낸 각별한 도시였으며 고향인 구미와도 가까워 더욱 친근한 곳이었다.

대통령이 된 후에도 대구와 여러 인연을 만들어 간다. 순시차 방문할 때면 수성못이 훤히 보이는 수성관광호텔에 곧잘 머물렀다. 그 시절 수성관광호텔은 '박정희 대통령의 대구별장'으로 명성이 자자했다. 1967년 우리나라 최초의 지방은행인 대구은행이 창립되자 대구은행 적금에 제1호로 가입하면서 창

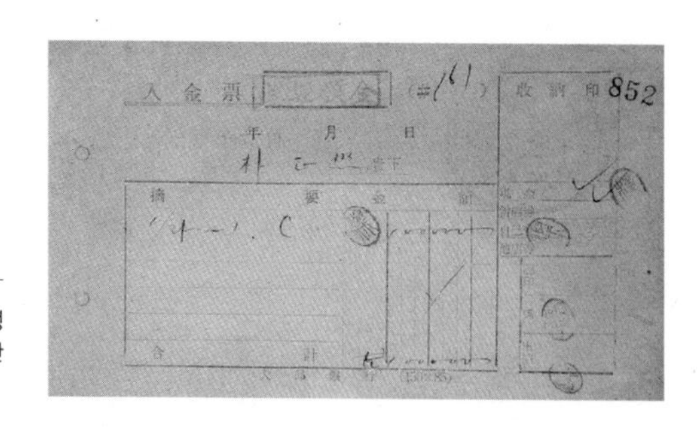
入 金 票
收 納 印 852
年 月 日
摘 要 金 額
合 計

박정희 대통령이 대구은행 개업 1호 고객으로 예금한 전표.

립을 축하했다. 대구은행 금융박물관에는 당시 박정희 대통령의 예금전표가 전시되어 있다. 1969년 달성공원이 조성되었을 때는 어린이들을 위해 꽃사슴 다섯 마리를 기증하고, 한글 친필로 쓴 현판 '시민의 문'을 보내 공원 정문에 걸리게 된다.

전두환 전 대통령은 1931년 경상남도 합천군에서 태어나 5세 때인 1935년 대구로 가족이 이주, 학창 시절을 대구에서 보냈다. 대구 동구 신암동에 있는 대구공업고등학교를 졸업했는데 그 시절 일화가 많이 전해진다. 어릴 때부터 다리 힘이 좋아 운동과 싸움을 잘했고 강인한 체력에다 넉살이 좋은 편이라 자기 사람을 만드는 능력이 탁월했다고 한다. 1951년 육군사관학교에 입학해 군인의 길을 걷는다.

전두환은 대통령에서 물러난 후 모교에 대한 남다른 애정을 보여준다. 대구공고 총동문회가 있을 때마다 부부가 함께 참석하는 일이 잦았다. 추징금 미납 문제 등으로 대구공고 동문 체육대회에 3년 동안 불참하다가 2015년 오랜만에 참석하자 기자들이 3년 만에 대구에 온 소감을 물었다. 그는 "3년 만은 무슨, 매년 오는데"라고 잘라 말했고, 기자들이 되묻자 "고향에 왔는데 이 사람아, 무슨 소감이냐"라고 답했다고 한다. 자신의 모교와 대구를 얼마나 각별하게 생각하는지 알 수 있다.

노태우 전 대통령은 1932년 12월 4일 대구 팔공산 자락에서 태어났다. 1939년 3월, 집에서 6킬로미터 떨어진 대구공산 소학교에 입학했는데 형편이 넉넉지 않아 맨발로 걸어 통학했다고 한다. 노태우와 전두환은 대구공업고등학교 동문인데 노태우가 22회 전기과, 전두환이 24회 기계과다. 노태우가 경북고등학교로 전학을 가서 출신 학교는 달라지지만 두 사람의 질긴 인연은 대구를 연결고리로 고등학교 때부터 시작된 것이다.

두 사람은 1952년 육사 제11기(정규 육사 1기) 동기생으로 다시 만난다. 둘의 우정은 돈독해 1958년 전두환의 결혼식에서 노태우가 축가를 부르고 1959년 노태우의 결혼식에서는 전

육사 11기 동기생인 전두환(왼쪽)과 노태우(오른쪽) 전 대통령.

두환이 사회를 본다. 1979년 12·12 사태로 전두환이 권력을 잡자 노태우는 2인자로 자리매김한다. 1987년 전두환은 자신의 후계자 노태우를 민정당 대통령 후보로 지명하고 노태우는 직선제를 통해 제13대 대통령으로 당선된다.

박근혜 전 대통령은 1952년 중구 삼덕동에서 태어났지만 이듬해인 1953년 부모를 따라 서울 신당동으로 이사했다. 생가 부지에는 신축 건물이 들어서 과거의 흔적을 찾아볼 수 없다. 이렇게 잠시 머문 대구가 그녀에게는 태어난 고향이자 정치적 고향이 된다.

박근혜는 1998년 4·2 재보선에서 15대 국회의원에 당선되며 정치인생을 시작한다. 대구 달성 보궐선거에 출마, 당시 여권인 국민회의와 자민련의 연합 공천을 받은 엄삼탁 후보와 맞서 61퍼센트의 득표율로 압승을 거둔다. 이후 16, 17, 18대까지 대구 달성에서 내리 4선을 한다.

2013년 제18대 대통령에 취임하지만 국정농단 사건으로 단핵소추안이 가결되면서 임기를 채우지 못하고 퇴진한다. 징역 22년형을 확정 받고 수감 생활을 하다가 2021년 12월 31일 0시 신년 특별사면으로 석방된다. 2022년 3월 고향인 대구 달성군에 마련된 사저로 입주한 그는 “힘들 때마다 저의 정치적 고향이자 마음의 고향인 달성으로 돌아갈 날을 생각하며 견뎌냈습니다”라며 대구에 대한 각별한 마음을 표현했다.

대통령은 국가와 국민의 현재와 미래를 책임지는 자리다. 대구는 4명의 대통령을 배출했고, 현재 이들에 대한 평가는 극과 극이다. 전두환은 추징금 867억 원을 미납한 채 사망해 마지막까지 국가에 채무를 남긴 전직 대통령이 되고 말았다. 대다수 국민들이 인정하고 존경하는, 대구의 대통령이 아닌 대한민국의 대통령이 언젠가 대구에서 배출되기를 꿈꾸고 바란다.

삼성그룹의 모태
삼성상회

삼성은 대한민국 최대 다국적 기업으로, 창사 이래 한국 기업으로서 전례 없는 성공을 쌓았고 현재 아시아에서 가장 거대한 기업으로 꼽히고 있다. 대구는 이병철 전 삼성그룹 회장의 꿈과 야망이 시작된 도시다. 서문시장 근처인 수동에서 '삼성상회'라는 이름으로 시작된 무역회사가 삼성(三星)의 출발이기 때문이다.

이병철은 일제 강점기인 1910년 경남 의령의 대지주 가문에서 태어나 서울 중동중학교를 거쳐 일본 와세다 대학 정경과를 중퇴했다. 일본에서 서민과 밀접한 정미소, 제면·제분공장, 양조장 등의 기초산업 시설들을 살펴본 그는 1931년 고향으로 돌아와 1936년 마산에 협동정미소를 설립한다. 쌀 시세의 등락을 미리 파악해 큰돈을 벌고, 트럭 20대로 운송회사를 차려 쌀 운송업에도 손을 댔다. 정미업과 운송업에서 번 돈으로 김해평야 일대의 논밭 200만 평을 매입해 20대에 경남 제일의 대지주가 되었다.

승승장구하던 그에게 큰 시련이 닥친다. 1937년 중일 전쟁이 일어나자 일본 정부는 모든 은행 대출을 중단했고, 땅 시세도 폭락했다. 이병철은 은행 대출금을 갚기 위해 정미소와 운송 회사, 토지를 헐값에 팔아야 했다. 생애 최초로 실패를 맛봄과 동시에 하루아침에 거지가 되었다.

그는 새로운 사업을 구상하기 위해 여행을 떠난다. 부산을 출발해 경성, 평양, 신의주, 원산, 흥남을 거슬러 올라가 만주의 창춘, 선양을 거쳐 베이징, 상하이 등을 돌아봤다.

> 만주 지역 심천이나 장춘 등은 내륙 깊은 곳으로 겨울 추위가 심한 지역이다. 이런 곳에서 과일이나 생선의 구입이 쉽지 않다. 청과물, 건어물, 잡화 등의 품목은 일상생활에 필수품이라 반드시 필요할 것이며 소비도 꾸준하게 늘어날 것이다. 상호 부족 물품을 공급한다. 그렇다. 무역업이다.
>
> -《호암자전》

이병철은 중국 시장을 견학하면서 국내에서는 감히 상상도 못할 규모의 사업, 무역업의 존재를 깨닫는다. 무역업과 제조업에 주력하는 사업을 하기로 결심한 후 국내로 돌아와 아무도 예상치 못한 대구에 회사를 세운다. 그가 무역업의 최적지로 선택한 대구는 당시 부산~경성~신의주를 잇는 간선철도 상에 있는 도시로 각종 농수산물과 화물이 모여드는 곳이었다. 중일 전쟁 시기에는 공업 중심지로의 기능을 수행하고 있었다. 이병철은 대구만한 경제 도시가 없다고 판단했다.

이병철은 1938년 3월 1일 자본금 3만 원으로 대구 서문시장 근처인 수동(현 중구 인교동)의 지상 4층, 지하 1층 목조 건물에 '삼성상회'라는 간판을 내걸고 무역회사를 설립한다. 처음 등장한 삼성(三星)이라는 이름은 큰 것, 많은 것, 강한 것의 삼(三)과 밝고 높고 영원히 빛난다는 성(星)의 뜻을 담아 지은 것이다.

삼성상회는 대구 근교의 청과물과 동해안의 건어물 등을

1930년대 삼성상회 모습.

모아 중국 북경과 만주 등지로 수출하는 사업을 했다. 농수산물의 작황, 어황을 꼼꼼하게 조사해 수급을 조절하니 장사는 잘 될 수밖에 없었고, 가게 앞은 소달구지와 짐꾼들로 문전성시를 이뤘다고 한다.

이어 삼성상회는 밀가루를 만드는 제분기와 면을 만드는 제면기를 갖춰 놓고 국수를 생산했다. 삼성상회에서 최초로 생산한 상품 '별표국수'다. 별표국수는 수출 못지않게 회사에 큰 인기와 부를 가져온다. 다른 국수에 비해 가격이 10퍼센트 정도 비쌌지만 맛이 훨씬 좋았기 때문에 선풍적인 인기를 끌었다. 싸게 많이 팔아 시장 점유율만 높이는 것이 아니라 적절한 가격, 제대로 된 품질의 1등 제품을 파는 삼성의 기업 철학은 이때부터 태동했다. 이후 삼성상회는 서울로 이전했지만 국수

1938년 말 삼성상회가 내놓은 별표국수 상표.

회사는 1960년대까지 존속한다.

이병철은 한 개의 사업이 본 궤도에 오르면 곧장 새로운 사업을 구상했다. 삼성상회를 설립한 지 1년 후에는 조선양조를 인수해 양조업을 시작했다. 무역업, 제면업, 양조업이 잇따라 성공하자 1941년 6월 3일 주식회사 삼성상회로 등록해 근대적인 기업 형태를 갖추게 된다.

이병철은 삼성상회 설립 초기에 대구 달성 출신의 아내 박두을 여사와 장녀 인희, 장남 맹희, 차남 창희, 차녀 숙희 등 모두 5명의 가족을 두고 있었다. 대구에서 삼성이 시작되었기 때문에 삼성그룹을 비롯해 한솔그룹·CJ그룹 등 현재 범 삼성가(家)를 이루고 있는 이병철의 자녀들은 거의 모두 대구를 거쳐간 셈이다. 삼남인 이건희 전 삼성그룹 회장도 대구 삼성상회 시절 태어났다.

대구에서 삼성의 시간은 길지 않았다. 이병철은 1945년 광복 이후 사업 근거지를 서울로 옮겨 1948년 삼성물산공사, 1953년 제일제당, 1954년 제일모직을 설립했다. 1969년 삼성전자, 1973년 삼성코닝, 1977년 삼성종합건설과 삼성조선을 세우는 등 경공업에서 중화학 및 첨단 정밀산업까지 우리나라 산업화·근대화 역사와 궤를 같이하는 혁명적 사업 행보를 전개한다.

이병철의 기업가 정신은 70세가 넘은 나이에 도전한 반도체 사업에서 절정에 달한다. 미국을 비롯한 선진국들과 단기간에 어깨를 겨루기 위해서는 반도체 사업이 반드시 필요하다는 사실을 절감했다. 꼬박 10년의 준비기간을 거쳐 1983년 3월 반도체 사업의 시작을 대내외에 공포했다. 이 과정에서 실제 사업을 추진할 사람들을 일일이 설득하고 직접 반도체 관련 외국 서적을 읽으며 공부했다고 한다. 반도체 사업은 삼성 그룹 전체를 태평양 속으로 끌고 간다는 비난과 선진국들의 집요한 가격 공세 등 여러 고비를 이겨냈다. 반도체 시장은 점차 호황을 맞이했고, 기적과도 같은 반도체 왕국의 신화가 만들어진다.

이병철의 불굴의 정신 덕분에 삼성은 국내 1등 기업의 위치를 확고히 다지고 글로벌 기업의 반열에 오를 수 있었다. 그 뿌리이자 시작점은 대구였다.

전망대와 카페거리가 기다리는
앞산 나들이

우리는 보통 동네의 흔한 산을 앞산이라 부른다. 하지만 대구의 '앞산'은 시민들에게 특별한 의미가 있다.

대구 남구에 있는 660.3미터 높이의 앞산은 산성산, 대덕산, 성북산과 연결되어 대구에 맑은 공기를 공급하는 허파와 같은 존재다. 지명 유래가 '내가 살고 있는 터전 앞의 산'이듯 대구 사람들에게 친근한 곳이다. 연간 앞산을 찾는 사람 수가 1600여만 명에 달한다고 하니 인구 250여만 명인 대구 사람 모두가 연간 6회 이상 앞산을 찾았다는 뜻이다. 대구 사람 중 앞산을 단 한 번도 가보지 않은 사람은 없을 것이다.

서울 사람에게 남산이 있다면 대구 사람에게는 앞산이 있다. 남산과 앞산은 닮은 점도 많다. 대표적인 시민 쉼터라는 점을 시작으로 과거 군사독재정권 시절 산기슭에 중앙정보부 또는 국가안전기획부가 있었고, 주한미군의 군부대가 있었고, 전망대에 연인들이 자물쇠를 채웠고, 각 방송국 통합 송신탑이 있고, 산을 관통하는 터널이 있는 게 공통점이다.

앞산에는 두류·달성·망우 공원과 함께 대구를 대표하는 앞산공원이 있다. 앞산공원은 도심에서 4.5킬로미터 이내에 위치해 시민들이 찾아가기 쉽고, 깊은 계곡이 많아 수려한 자연 경관도 감상할 수 있다. 그래서 인근 학교들의 소풍 장소로 애용되는데, 남구에 살았다면 초중고 소풍을 모두 앞산공원으로 다녀온 경험이 있을 것이다.

앞산공원에는 대구 사람들의 여가 공간이라는 이름에 걸맞게 다양한 등산로와 산책로가 있다. 크고 작은 10여 개의 골짜기, 20여 개의 약수터와 어우러지는 수많은 등산로, 취향과 체력에 따라 선택할 수 있는 2~4킬로미터에 이르는 산책로는 앞산을 친근하게 만드는 요인이다. 이밖에 6·25 전쟁 당시 낙동강 전투의 승리를 기념하기 위한 낙동강 승전 기념관, 목숨을 바쳐 나라를 지킨 호국영령들을 추모하기 위한 충혼탑, 청소년 수련원, 궁도장, 승마장, 남부도서관을 비롯해 체력단련장이 각 골짜기에 고루 배치되어 있다.

지금은 없어졌지만 과거에는 앞산 놀이동산도 조성되어 있었다. 1979년 개장해 회전목마, 청룡열차 등의 놀이시설을 갖추었던 곳이라 가족 단위로 많이 이용했다. 1995년 우방랜드가 개장하면서 인기가 시들해졌고 2004년 문을 닫는다.

개성 넘치는 커피숍과 레스토랑이 들어선 카페거리도 앞산의 명소다.

앞산의 최고 명소는 누가 뭐래도 '케이블카'와 '앞산 전망대'다. 앞산에는 1974년 전망대와 산 아래를 오가는 붉은색과 푸른색의 케이블카가 설치되었다. 어린이나 노약자도 힘든 산행 없이 5분 만에 앞산 정상과 전망대에 올라갈 수 있다. 정상에서 케이블카를 내려 오른쪽으로 펼쳐진 숲길로 걸어가면 끝 지점에 전망대가 있다. 대구 시내를 한눈에 조망할 수 있는 이 전망대는 대구를 방문한 외지 사람들에게 꼭 추천하고 싶은 곳이다. 하루 2500명 이상이 찾는 인기 공간으로 문화체육관광부에서 선정한 '사진 찍기 좋은 녹색 명소'이기도 하다. 굽이치며 흐르는 낙동강과 대구를 감싸는 산자락이 한눈에 들어오고 빌딩 숲 사이로 집과 도로가 어우러져 한 폭의 그림을 이룬다.

그 모습과 마주한 순간 하늘을 훨훨 날아오르고픈 욕망이 절로 생겨날 것이다.

앞산 카페거리도 명소다. 200여 개의 커피숍과 레스토랑이 들어서 있고 이색 테마로 꾸며진 카페도 많아 골목 구석구석을 둘러보는 재미가 쏠쏠하다. 대구의 핫플 중 하나인 이곳 카페거리에는 탄생에 담긴 역사적 배경이 있다.

옛날부터 남구 지역은 앞산 고산골, 안지랑골, 큰골 등 굵직한 일곱 개의 골짜기에서 흘러나온 맑은 물이 비옥한 토양을 만들어 살기 좋은 곳으로 유명했다. 광복 직후부터 자연스럽게 고급 한옥들이 들어섰는데, 1972년 1월 1일 박정희 정부가 산림정책 일환으로 한옥 건축을 금지한다. 이때부터 한옥 부자들은 마당 있는 고급주택을 짓기 시작한다. 그러면서 남구는 대구의 '부자동네'로 명성을 얻는다.

1980~1990년대 초반까지 부촌이던 동네는 1990년대 중반 이후 아파트 붐과 함께 고급 아파트의 공급이 이뤄지기 시작하자 부자들이 수성구 쪽으로 넘어가면서 슬럼화가 시작된다. 하지만 원래 부촌이었던 덕분에 슬럼화가 진행되어도 주택과 거리는 예쁜 편이었다. 마당이 넓고 집집마다 주차장을 갖춘 중층 단독주택이 몰려 있던 지역이라 카페로 바꾸기에 좋은 조건이었다. 낙후된 주택들은 2000년대 이후 인테리어를 개조한 멋진 카페로 다시 태어나 연인들의 데이트 코스로 각광 받

으며 오늘날에 이르고 있다.

케이블카를 타고 전망대를 다녀오거나 산책길을 걸은 뒤 카페거리에서 마음에 드는 곳을 찾아 들어가 차나 식사와 함께 정담을 나누면 앞산표 추억이 가득 채워질 것이다.

부록

걸어서 대구 인문여행 추천 코스

대구 인문여행 #1

도심을 걸으며 역사를 듣는 시간

● 경상감영공원 → ● 대구근대역사관 → ● 희움 일본군 위안부 역사관 → ● 종로초등학교 최제우 나무 → ● 호암 이병철 고택 → ● 북성로 오토바이 골목과 공구 골목 → ● 삼성상회 터 → ● 달성공원 → ● 서문시장 야시장

중구 지역은 고대부터 대구의 중심지였다. 그래서 길과 골목 사이사이에 다양한 이야기가 담긴 장소들이 많다. 경상감영공원에서 시작하는 도심의 길에서 근대 여행을 떠나 보자.

1601~1910년 경상감영이 있던 자리는 1910~1965년 경상북도 청사가 되었고, 1970년 도청이 이전하자 공원으로 조성되었다. 처음에는 중앙공원이었다가 1997년 경상감영공원으로 이름이 바뀌었다. 공원을 둘러보면 경상감영 관찰사가 집무를 보던 선화당과 관찰사 처소로 쓰이던 징청각 건물을 만날 수 있다.

도심 속 휴식공간 경상감영공원 바로 옆에는 대구근대역사관이 있다. 1932년 조선식산은행 대구지점으로 건립되었고, 1954년부터 한국산업은행 대구지점으로 이용된 근대문화유산이다. 대구의 근현대사를 한눈에 조명할 수 있는 공간으로, 1

년에 3~4회 진행되는 기획전시실의 특별전은 다양하고 색다른 주제들로 구성되어 일부러 시간을 내어 가볼 만하다. 요즘은 사진 핫플로도 인기가 높다. 르네상스 양식으로 조형미가 뛰어난 역사관 정문 앞에서 테이크아웃한 커피를 들고 사진을 찍으면 이국적인 느낌을 낼 수 있다.

대구근대역사관에서 3분 정도 걸어가면 희움 일본군 위안부 역사관을 만날 수 있다. 대한민국 근현대사의 가장 아픈 역사, 피해자가 생존해 있는 현재진행형 역사인 일본군 위안부 피해 문제를 잊지 않고 해결하기 위해 건립된 공간이다. 역사에 대한 관심 유무를 떠나 꼭 방문해야 하는 곳이다. 전시 공간에서는 일본군 위안부 제도와 생존자들의 기억, 문제 해결을 위한 운동사 등을 볼 수 있다.

역사관 맞은편의 종로초등학교에는 수령 400년이 된 회화나무로, 동학 창시자의 이름을 딴 최제우 나무가 있다. 종로초등학교는 경상감영의 감옥이 있던 자리인데, 최제우가 아미산 언덕(지금의 관덕정 앞마당)에서 참형을 당하자 감옥 앞 회화나무가 나뭇잎을 떨어뜨리며 수액을 눈물처럼 흘렸다는 전설이 전해진다. 그래서 이 나무를 '최제우 나무'라 부르게 되었다. 학교에는 전두환 전 대통령이 1994년 모교를 방문했다는 표지석도 있다.

종로초등학교에서 5분 정도 걸어가면 이병철 전 삼성그룹 회장의 고택을 볼 수 있다. 고 이 회장이 결혼 후 분가한 곳이 대구 인교동으로, 아들 이건희가 이곳에서 유년시절을 보냈다. 내부는 관람할 수 없지만 밖에서라도 아쉽게나마 글로벌 기업의 기운을 받아볼 만하다.

이병철 고택 주변은 북성로 일대로 오토바이 골목과 공구 골목을 구경할 수 있다. 공구 골목에는 각종 철물류와 공구를 파는 상점과 절곡집, 철공소, 기계제작소 등이 모여 있다. 오토바이 전시장을 방불케 하는 오토바이 골목에는 신제품과 중고, 국산과 외제, 부품 등 오토바이에 관한 모든 것이 구비되어 있다. 특별히 살 것이 없더라도 가게를 둘러보는 재미가 쏠쏠하다. 별난 오토바이들은 구경만 해도 눈이 즐거워진다.

골목을 누비다 보면 자연스럽게 삼성상회 터에 도착한다. 호암 이병철이 28세에 설립한 삼성상회는 삼성그룹의 모태가 되었는데, 5평 남짓한 사무실과 작은 공장, 전화기 한 대, 국수 기계 등이 있었다. 2001년 이를 기념해 1/250로 축소한 청동 모형을 설치했다. 이병철 고택에서 내부를 볼 수 없어 아쉬웠다면 삼성상회 터까지 방문하는 것을 추천한다.

여기서 10분 남짓 걸어가면 달성공원이다. 대구에서 가장 오래된 도심 공원으로 옛 토성이 있고, 1601년 경상감영에 건립되었던 정문 관풍루도 만날 수 있다. 대구의 유일한 동물원도 이곳에 있다. 현재는 달성토성 원형 복원 사업이 추진 중이다.

달성공원에서 다시 삼성상회 터 쪽으로 15분 정도 걸어가면 서문시장이 나온다. 한강 이남에서 제일 큰 재래시장으로, 섬유 관련 품목을 비롯해 4000여 개의 점포가 들어서 있다. 먹거리도 풍부해 1지구와 4지구 사이에는 칼국수 골목이 있고, 밤에는 건어물상가 쪽 도로에서 야시장이 열린다. 매일 저녁 7시 반부터 열리는 야시장은 전국 최대 규모의 상설 야시장으로, 서문시장의 꽃이라 할 만하다. 350미터 도로에 80여 개의 매대가 늘어서 먹거리와 핸드메이드 공예품 등을 팔고, 매일 크고 작은 공연과 이벤트가 열린다. 사람 구경도 실컷 할 수 있다.

대구 인문여행 #2

근대 건축물의 이국적인 매력에 빠지다

●청라언덕 선교사 주택 → ●90계단길 → ●계산성당 → ●이상화 고택 → ●서상돈 고택 → ●대구제일교회 → ●약전골목 → ●스파크랜드 → ●봉산문화거리 → ●김광석 다시 그리기 길

대구 지하철 3호선 서문시장역 4번 출구에서 동산의료원 뒷길을 따라 200미터쯤 올라가면 언덕에 이국적인 주택이 보인다. 이 아름답고 역사 깊은 건축물에서 건축 투어가 시작된다. 청라언덕의 선교사 주택은 하루가 다르게 변하는 도심에서 온전히 남은 역사적인 건물들로, 대구 근대사에 대한 자부심이 담겨 있다. 1910년경 선교사들이 설계한 주택은 최초의 서양식 주거양식으로 근대건축 유산의 의미도 크다.

청라언덕 동쪽에 가장 높이 솟은 고딕 양식의 건축물이 대구제일교회다. 대구제일교회는 1893년 설립된 경상북도, 대구시 최초의 교회였다. 이 건물은 1996년 남성로에서 지금 자리로 이전하면서 신축한 것이고, 남성로에 구 본당이 남아 있다. 구 본당은 1933년 지어진 건물로, 대구광역시 유형문화재 제30호로 지정되어 있다. '구 대구제일교회 대구기독교역사관'이라는 이름으로 시민에게 공개 중이니 조금 후 약전골목을 지나는 길에 들러봐도 좋을 것이다.

대구제일교회를 왼쪽에 두고 서성로 방향으로 내려가는 90계단길은 3·1 운동 당시 만세운동을 준비하던 학생들이 일본군의 감시를 피해 지나다니던 솔밭길이었다. 지금은 '대구 3·1 만세운동길'이라고도 부르는 이 계단길에는 3·1 운동 모습이 담긴 사진들이 전시되어 그 의미를 더한다.

역사의 치열한 숨결이 서린 90계단길을 다 내려가면 빌딩 숲 사이로 우뚝 솟은 계산성당이 보인다. 서울과 평양에 이어 프랑스 선교사가 설계해 지은 고딕 양식 건축으로, 스테인드글라스에 서상돈, 김종학 등 옛 천주교 신자의 모습이 아름답게 표현되어 예술품을 바라보는 느낌이 든다. 대구제일교회와 계산성당은 서성로를 사이에 두고 서로 마주보고 있다.

계산성당에서 뒷길로 이어지는 약령로를 오른쪽으로 3분쯤 걸으면 이상화 고택에 도착한다. 〈빼앗긴 들에도 봄은 오는가〉를 쓴 이상화 시인의 치열한 항일 정신이 느껴지는 정갈한 고택을 둘러보고 맞은편에 위치한 서상돈 고택의 단아한 풍경까지 감상하면 대구의 인물들이 부쩍 친근해질 것이다. 본문에서 소개한 바와 같이 서상돈은 국채보상운동을 주도한 인물이다.

계산성당 뒷길로 조금만 더 깊숙히 걸어가면 향기만으로도 몸이 건강해지는 골목에 이른다. 400년 역사를 자랑하는 약령시의 과거와 현재, 미래를 만나는 약전골목이다. 주변을 둘러보며 진열된 한약재들을 살펴보는 재미가 있다. 시간 여유가 있다면 '대구약령시한의약박물관'도 들러볼 것을 추천한다. 볼거리도 많고 체험 프로그램도 재미있다.

약전골목을 뒤로 한 채 조금 걸어가면 대구 최대 번화가인 동성로에 이른다. 동성로에는 대구의 새로운 랜드마크로 떠오른 스파크랜드가 있다. 9층 건물로 이루어진 스파크랜드는 1~4층에는 패션 브랜드와 식당, 카페 등이, 5층 이상에는 각종 놀이기구와 실내 스포츠 시설이 들어서 먹을거리, 즐길거리로 가득하다. 특히 7~9층의 대관람차는 바닥을 강화유리로 제작해 발아래로 도시 풍경을 즐길 수 있다. 동성로는 물론 대구 시내가 멀리까지 조망된다. 스파크랜드 주변에는 영화관, 쇼핑몰, 음식점, 카페, 바 등이 밀집해 젊음의 거리답게 활기가 넘친다.

동성로를 벗어나 10분 정도 걷다 보면 봉산문화거리에 도착한다. 1990년대 대구학원에서 봉산 육거리까지 솜씨 좋은 표구사들을 따라 작은 화랑들이 들어서기 시작한 것이 지금에 이르렀다. 20여 개의 크고 작은 전시 공간이 메인로드를 따라 줄지어 있는데 곳곳에 고미술품이나 고서적을 취급하는 공간까지 어우러져 거리 전체가 예술적 정취로 가득하다. 미술 작가들에게는 활동 무대가 되고, 문화 향유에 목마른 시민들에게는 오아시스가 되어 주는 곳이다. 그 중심에는 각기 다른 성격의 전시를 사시사철 열어 다양한 장르의 미술작품을 만나게 해주는 갤러리들이 있다. 대부분 무료로 운영되어 누구나 제약없이 감상할 수 있다.

봉산문화거리에서 10분 정도 가면 가수 고(故) 김광석을 회상할 수 있는 작품들이 발길을 붙잡는다. 그의 삶과 음악을 테마로 조성한 벽화거리 '김광석 다시 그리기 길'이다. 350여 미터의 골목에 벽화와 조형물, 상점, 음식점, 카페, 뮤직 스튜디오, 공연장 등이 들어선 색다른 문화거리로 전국의 관광객이 찾는 대구의 명소다. 인근의 방천시장에 유명 맛집이 많아 여행의 즐거움을 더해준다.

대구 인문여행 #3

모노레일 타고 하늘을 달리는 즐거움

- 달성공원역 → 달성공원, DGB대구은행파크
- 서문시장역 → 서문시장
- 청라언덕역 → 선교사 주택, 계산성당, 이상화·서상돈 고택
- 남산역 → 계명대 대명캠퍼스
- 황금역 → 국립대구박물관
- 수성못역 → 수성못

대구에는 '하늘열차(sky rail)'라 불리는 명물이 있다. 대구도시철도 3호선이다. 기존 1, 2호선이 컴컴한 지하를 달리는 지하철이었다면 3호선은 전국 최초로 모노레일을 이용한 지상철이다. 대구의 남북을 가르는 수성구 범물동 용지역에서 북구 동호동 칠곡 경대병원역까지 30개 역 총 23.1킬로미터, 48분 30초를 모노레일이 달린다. 평균 높이 11미터의 3호선을 타면 대구 도심 풍경이 한눈에 들어온다. 그중 주변에 볼거리가 많은 6개 역을 소개한다. 관심이 가는 몇 곳을 연계해 모노레일과 도보로 이동하며 돌아보면 즐거울 것이다 .

첫 번째는 달성공원역이다. 3번 출구로 나와 200미터 직진,

달성공원 사거리에서 오른쪽으로 100미터 이동하면 달성공원 정문에 도착한다. 우거진 숲에 둘러싸인 달성공원은 도심 한가운데 푸른 별세계로, 달성토성은 자연적 구릉을 이용해 쌓은 우리나라에서 가장 오래된 토성이다. 공원 안에는 동물원과 옛날 경상감영의 정문이었던 관풍루, 우리나라 최초의 시비인 이상화 시비 등이 있다.

달성공원역에서 걸어서 20분 거리에 대구를 하늘색으로 물들이는 대구FC의 홈구장 DGB대구은행파크(대팍)가 있다. '대팍'은 1만2000석 규모의 축구 전용구장으로 그라운드와 관람석 간의 거리가 7미터 정도로 가까워 선수들의 거친 숨소리까지 생생하게 들을 수 있다. 축구를 좋아한다면 자신이 응원하는 팀이 대구FC와 경기할 때 꼭 한 번 방문할 것을 추천한다. 축구에 관심이 없더라도 경량 알루미늄 패널로 만들어진 관중석 바닥을 활용한 대구FC의 발구르기 응원을 따라하다 보면 어느새 축구에 몰입한 자신을 발견하게 될 것이다. 대구FC 경기는 매진되는 경우가 많으므로 사전 예매가 필수다.

다음은 3호선 중 사람들이 가장 많이 타고 내리는 서문시장역이다. 달성공원역 바로 다음 역으로, 3번 출구로 나오면 서문시장이다. 조선 시대 3대 시장으로 꼽혔던 서문시장 골목을 누비다 보면 눈길을 끄는 먹거리에 행복한 비명이 절로 나올 것이다. 50개의 점포가 빼곡한 국수골목의 누른국수를 비롯해 납작만두, 양념어묵 등 대구를 대표하는 먹거리는 물론 떡볶이, 호떡, 순대 등 군침 도는 먹거리가 끝이 없다. 이곳에서는 꼭 한 끼 식사나 간식을 먹어야 한다.

서문시장역 다음 역은 청라언덕역이다. 7번 출구로 나와 5분 정도 걸으면 청라언덕에 도착한다. 이곳의 동선은 앞서 '대구 인문여행 #2'에서 소개한 코스와 같다. 청라언덕에 있는 이국적인 선교사 주택과 조금만 걸으면 보이는 계산성당, 계산성당에서 5분이면 도착하는 이상화 · 서상돈 고택을 둘러보면 된다.

청라언덕역에서 한 정거장만 더 가면 남산역이다. 1번 출구로 나오면 드라마와 영화 촬영지로 인기가 높은 계명대학교 대명캠퍼스가 보인다. 1995년 '귀가 시계'라는 별명까지 얻으며 인기를 끈 드라마 〈모래시계〉를 시작으로 드라마 〈백야 3.98〉 〈눈의 여왕〉 〈꽃보다 남자〉, 영화 〈동감〉 〈그해 여름〉 등 수많은 작품의 명장면이 이곳에서 탄생했다. 사랑하는 연인과 함께라면 꼭 들러야 할 장소다. 붉은 벽돌 건물에 푸른 담쟁이가 뒤덮인 길에서 사진을 찍으면 마치 유럽의 작은 마을에 있는 느낌을 준다. 아담스관과 윌슨관 사이의 담쟁이 길은 만난 지 3초 만에 사랑에 빠진다고 해서 '3초 길'로 불린다.

남산역에서 6개 역을 지나면 황금역이다. 1번 출구로 나와 30분 정도 걸으면 국립대구박물관에 도착한다. 국보 3점과 보물 6점 등 모두 2000점이 넘는 유물을 소장하고 있는 보물창고다. 대구를 좀 더 자세히 알고 싶다면 필수 탐방 코스다. 국립대구박물관은 전시 기준을 시대로 잡는 여느 박물관들과 달리 테마별로 전시한 것이 특징이다. 특히 섬유복식실은 이 박물관만의 특색 있는 전시실로, 과거부터 현재까지 우리 옷의 발전 과정을 한눈에 살펴볼 수 있다.

황금역 다음 역은 수성못역이다. 1번 출구로 나와 5분 정도 걸으면 수성못에 도착한다. 가족이나 연인과 함께 사계절 내내 다정하게 산책을 즐길 수 있는 곳이다. 2킬로미터가 넘는 호수 둘레를 운동 삼아 가볍게 걸으면 40여 분, 벤치에서 쉬어가며 느릿느릿 걸어도 1시간이면 충분하다. 걷는 것이 싫다면 오리배를 타면 되고, 오리배가 싫다면 유람선을 타고 주변 풍광을 둘러보면 된다. 5~10월 매일 2회 영상음악분수 야간 공연이 진행되고, 버스킹과 정기 공연이 수성못 곳곳에서 진행된다.

대구 인문여행 #4

힐링이 필요한 도시인을 위한 장소들

●수성못 → ●아르떼 수성랜드 → ●들안길 먹거리 타운 → ●고산골 공룡공원 → ●앞산공원(케이블카, 앞산 전망대) → ●안지랑 곱창 거리 → ●앞산 카페거리

대구에는 힐링이나 소확행이 필요한 도시인을 위한 장소들이 여럿 있다. 수성못부터 앞산 카페거리까지 걸어서 구경하기엔 다소 먼 거리이므로 택시를 타고 이동하거나 몇 곳을 골라 방문하기를 추천한다.

수성못은 원래 농업용수 공급용으로 조성된 인공 연못이었으나 현재는 대구 시민이 사랑하는 데이트 명소이자 가족 휴식 공간이다. 수성못 주변을 걸으며 산책의 즐거움을 느낄 수 있다. 수성못 오거리 입구 쪽에는 엄마 아빠 손잡고 나온 아이들의 환호성을 받는 아르떼 수성랜드가 있다. 범퍼카, 바이킹, 회전목마 등 소소한 즐길거리가 있어 젊은 연인들에게 인기가 많다. 대형 놀이공원과는 다른 아기자기한 매력을 느낄 수 있다.

수성못 주변에는 분위기 있는 카페가 즐비하고, 수성못에서 10분 거리의 들안길 먹거리 타운에는 맛집이 수두룩하다. 대구 사람들이 '먹자골목'이라 부르는 들안길 일대에는 뷔페, 한식, 일식, 갈비, 회 등 다양한 음식점이 들어서 선택의 고민 때문에 행복한 비명을 질러야 한다.

먹자골목에서 든든하게 배를 채웠다면 30분 정도 힘을 내서 고산골 공룡공원으로 걸어간다. 1억 년 전 중생대 백악기의 흔적을 볼 수 있는 공룡 테마공원이다. 공룡 발자국, 거대한 공룡 조형물, 화석 체험을 할 수 있는 모래놀이터 등 볼거리와 즐길거리가 많아 아이들과 함께 하는 여행이라면 필수 코스 중 하나다.

공룡과의 만남을 가졌다면 이제 힐링 여행의 하이라이트인 앞산공원으로 가야 한다. 공룡공원에서 30분 정도 걸어야 하므로 걷기에 자신이 없는 사람은 택시를 타고 5~7분 만에 이동하는 것도 좋다. 앞산은 대구를 대표하는 산으로, 전망대에 오르면 낮에는 시가지 전경, 해 질 녘에는 노을, 저녁에는 도심의 불빛이 은하수처럼 깔려 있는 대구 야경을 즐길 수 있다. 전망대로 가려면 케이블카를 타거나 등산로를 올라야 한다. 케이블카 승강장은 앞산공원 버스정류장에서 내려 100여 미터 올라가다 보면 왼쪽에 있고, 대덕식당에서 시작되는 등산로는 1.6킬로미터로 40여 분 정도 걸어야 한다.

편도 5분 정도 소요되는 케이블카를 타면 높이 오를수록 숲 사이로 대구 시내 풍경이 한눈에 펼쳐진다. 케이블카에서 내려 오른쪽으로 200미터 정도 가면 전망대에 닿는다. 대구 관내 8개 구와 군을 조망할 수 있는 270도 전망은 앞산 전망대의 가장 큰 자랑이다. 이곳의 하이라이트는 야경. 노을이 질 무렵 케이블카를 타고 올라가 야경을 감상하고 내려오는 것이 전망대를 200퍼센트 즐기는 방법이다.

앞산공원에서 충분히 힐링했다면 안지랑 곱창 거리로 간다. 걸으면 30분, 버스 타면 15분, 택시 타면 5분이 걸린다. 1979년 안지랑 시장 쪽의 충북식당을 시작으로 1998년 IMF 이후 업소가 늘어나기 시작해 현재 50여 개의 곱창 가게가 늘어선 맛집 골목이다. 문화체육관광부에서 지정한 전국 5개 음식 테마 거리 중 하나다. 이곳에서는 신선한 곱창과 막창을 저렴하게 즐길 수 있다. 가게마다 누린내를 제거하는 노하우가 있어 냄새 때문에 곱창을 먹지 않는 사람도 폭식을 하게 만든다.

안지랑 곱창 거리에서 7분 정도 걸으면 앞산 카페거리에 도착한다. 곱창과 막창을 맛있게 먹었다면 디저트와 커피를 맛보기 위해 가야 하는 곳이고, 그럴 리는 없겠지만 곱창과 막창이 입에 맞지 않았다면 배를 채울 수도 있다. 골목 구석구석에 대명동의 옛 단독주택을 개조한 트렌디한 카페, 캐주얼 다이닝 레스토랑이 모여 있어 대구의 젊은이들이 많이 찾는 곳이다. 봄에는 벚꽃과 새하얀 이팝나무, 가을에는 노란 은행잎, 겨울에는 가로수에 장식된 전구가 분위기를 살린다.

대구 인문여행 #5

팔공산 자락에서 소원을 말해보자

●동화사 → ●케이블카 → ●전망대 → ●820미터 깃발 포토존 → ●전망대 휴게소 → ●소원바위

＊ 번외 : 갓바위 '관봉 석조여래좌상'

대구에는 2023년 우리나라 23번째 국립공원이 된 팔공산이 있다. 토함산, 계룡산, 지리산, 태백산과 함께 신라 오악 중 하나였고, 통일신라의 상징적 존재이자 산신에게 제를 올리던 곳이다. 일상에 지쳐 떠나온 여행길이라면 계절마다 서로 다른 향기와 색채를 보여주는 팔공산에 오를 것을 추천한다. 곳곳에 사찰도 많고 이름난 고개와 바위도 많아 등산로가 다양하게 만들어졌으므로 마음에 드는 코스를 골라 오를 수 있다.

팔공산에서 가볼 만한 곳을 추려 소개한다. 대표적인 등산 코스는 동화사, 파계사, 갓바위 방면으로 나뉘는데, 평소 등산을 자주 하는 편이 아니라면 동화사 방면이 적당하다. 동화사는 팔공산을 대표하는 사찰이자 우리나라 불교의 성지로 1500년이 넘는 역사와 전통을 자랑하는 고찰이다. 대웅전과 극락전 등 20여 채의 전각을 비롯해 비로암 삼층석탑, 동화사마애여래좌상, 석조비로자나불좌상, 금당암 삼층석탑, 홍진국사탑 등 경내에 있는 11점의 보물만 감상해도 훌륭한 테마여행이 될 것이다. 전체 높이가 33미터에 이르는 세계 최대 규모의 약사 여래불도 빼놓지 말아야 한다.

동화사에서 걸어 8분 거리에 케이블카가 있다. 동화사~케이블카~전망대 간 산책로는 팔공산의 대표적인 데이트 코스 겸 둘레길 산책로로 맛집과 카페들이 즐비하다. 케이블카를 타고 15분 정도 대구에서 가장 멋진 경관을 감상하며 올라가면 해발 800미터의 정상에 닿는다. 팔공산 최고봉인 비로봉을 비롯해 동봉과 서봉, 병풍바위와 염불봉이 시야를 가득 채운다.

케이블카에서 내려 10분 정도 걸으면 전망대가 있는 신림봉에 도착한다. 해발 820미터에서 들이쉬는 맑은 공기와 높푸른 하늘, 파노라마처럼 펼쳐지는 드넓은 대구 시내 전경, 그것만으로도 이곳에 오른 이유는 충분하다. 전망대의 820미터 깃발은 포토존으로 유명한데 주말이면 줄을 서서 차례를 기다려야 한다. 전망대 휴게소는 각종 음료와 간식, 식사는 물론 동동주 한잔에 주전부리 안주까지 메뉴가 다양하다.

팔공산에는 속칭 '기도발'이 좋은 곳으로 소문난 장소들이 있다. 그중 하나가 전망대 근처의 소원바위다. 소원바위 한편에 마련된 양초를 이용해 동전을 바위에 붙이며 소원을 빌어야 하므로 이루고 싶은 소원이 있다면 동전을 꼭 챙겨가야 한다. 나중에 자연적으로 떨어진 동전은 각종 기부처에 맡겨 '사랑의 연탄나눔운동' 등 소중한 곳에 쓴다고 한다.

팔공산에서 가장 유명한 스타는 갓바위 부처님 '관봉 석조 여래좌상'이다. 누구나 한 가지 소원은 들어준다는 우리나라 약사신앙 1번지이기 때문이다. 특히 불상 머리 윗부분의 갓 모양 모자가 학사모처럼 보여 대학 입시철이 되면 자녀의 합격을 기원하는 학부모들로 인산인해를 이룬다.

갓바위를 만나러 가는 길은 두 갈래다. 첫 번째 길은 경상북도 경산 쪽에 있는 선본사에서 올라가는 것이다. 803번 시내버스가 주차장까지 들어가고, 여기서 경사진 길을 30여 분 걸어 올라가야 한다. 두 번째는 대구 쪽 관암사에서 진입하는 코스다. 1365계단을 40여 분 걸어 올라가면 된다. 쉬는 시간을 포함해 왕복 1시간 30분~2시간 정도 걸린다.

어떤 길을 선택하든 해발 853미터의 관봉에 도착하면 작은 광장이 나타나면서 화강암 바위를 병풍처럼 두르고 가운데 앉아 있는 부처님 '갓바위'가 보일 것이다. 삼배를 올리고 앉아 그 얼굴을 바라보면 신의 형상이라기보다 인간의 모습이 보인다. 하산하는 기분은 언제나 성취의 보람으로 홀가분하지만, 팔공산에서는 그 기분이 남다르다. 한 발 한 발 품고 올랐던 소원을 소원바위, 갓바위에 내려놓고 올 수 있기 때문이다.

참고문헌

제1부_대구를 대구답게 만드는 풍경

공기 울림에도 멀리까지 전달되는 대구 사투리
대구역사교사모임, 《선생님이 들려주는 근현대 대구 이야기》, 영한, 2010.
이양, 김성경, 〈경상도 사투리의 심리적 반응〉, 《사회과학연구》 24, 경상대학교 사회과학연구원, 2006.
최종희, 《대구경북의 사회학》, 오월의봄, 2020.

진짜 아프리카만큼 더울까? 대프리카의 불더위
전국지리교사모임, 《지리의 쓸모》, 한빛라이프, 2021.
전국지리교사모임, 《지리쌤과 함께하는 우리나라 도시 여행 2》, 폭스코너, 2019.
이철우, 《삶터, 대구의 이해》, 경북대학교출판부, 2014.
전영권, 《살고 싶은 그곳, 흥미로운 대구여행》, 푸른길, 2014.

대구의 혼과 정신을 품은 팔공산국립공원
대구·경북역사연구회, 《역사 속의 대구, 대구 사람들》, 중심, 2001.
이재현, 하수정 외 9명, 《인문학자들의 헐렁한 수다》, 한국문화사, 2017.
이철우, 《삶터, 대구의 이해》, 경북대학교출판부, 2014.
전영권, 《살고 싶은 그곳, 흥미로운 대구여행》, 푸른길, 2014.
계명대학교 출판부, 《조선시대 대구의 모습과 사람》, 계명대학교출판부, 2002.
전영권, 〈대구 팔공산의 가치와 활용방안〉, 《한국지형학회지》 19, 한국지형학회, 2012.
전영권, 〈대구 지명유래에 관한 연구〉, 《한국지역지리학회지》 19, 한국지역지리학회, 2013.
국립대구박물관, 《팔공산 동화사-영남의 명찰순례》, 국립대구박물관, 2009.
한국문화유산답사회, 《팔공산 자락》, 돌베개, 1997.

도심 속 시민 힐링 공간, 달성공원
김기홍, 이애란, 정혜진, 《골목을 걷다》, 이매진, 2008.
朴銀兒, 〈달성공원(대구)〉, 《靑藍史學》 5, 청람사학회, 2002.
김세기, 〈대구지역 고대정치체의 형성기반과 달성토성의 위상〉, 《대구사학》 132, 대구사학회, 2018.
대구광역시, 《대구경관자원 52선》, 대구광역시, 2013.

대구광역시, 《대구 참 좋다!》, 대구광역시, 2016.

없는 것도 파는 곳, 서문시장 100년사

대구교육박물관, 《대구큰장 서문시장-장터에 담긴 100년의 역사》, 대구교육박물관, 2023.
장흥섭, 《대구 전통시장 과거·현재·미래》, 경북대학교출판부, 2010.
계명대학교 출판부, 《조선시대 대구의 모습과 사람》, 계명대학교출판부, 2002.
이희준, 《시장이 두근두근 2》, 이야기나무, 2015.
정재영, 〈문화경관으로서 지역 전통시장-대구 서문시장을 중심으로〉, 《동아인문학》 58, 동아인문학회, 2022.

대구백화점의 추억이 깃든 패션 허브 동성로

김기홍, 이애란, 정혜진, 《골목을 걷다》, 이매진, 2008.
황희진, 《골목길 거닐다 대구를 만나다》, 매일신문사, 2015.
전영권, 《이야기로 풀어보는 대구 지명 유래》, 신일, 2017.

과거와 현재가 조화롭게, 북성로는 변신 중

황희진, 《골목길 거닐다 대구를 만나다》, 매일신문사, 2015.
권경희, 〈대도시 산업지역사회의 사회자본 변화 특성과 도시재생에서의 활용에 관한 연구: 대구시 북성로 공구골목을 사례로〉, 《대구경북연구》 21, 대구경북연구원, 2013.
김대중, 조재모, 〈일제강점기 대구 북성로의 필지 변화 양상〉, 《대한건축학회논문집》 26, 대한건축학회, 2010.
강민희, 〈장소성의 병존과 가변성 연구-대구시 '북성로'를 중심으로〉, 《동아인문학》 54, 동아인문학회, 2021.
박순호, 권경희, 〈대구시 북성로 공구골목의 발달과정과 존립기반〉, 《한국지역지리학회지》 27, 한국지역지리학회, 2021.

대구는 어떻게 '보수의 심장'이 되었는가

최종희, 《대구경북의 사회학》, 오월의봄, 2020.
백승대, 〈보수와 진보의 지역정치: 대구지역사례〉, 《한국사회학회 사회학대회 논문집》, 한국사회학회, 2004.
허종, 〈1950년대 대구지역 혁신세력의 동향과 정치활동〉, 《대구사학》 129, 대구사학회, 2017.
김일수, 〈모스크바삼상회의 결정에 대한 대구지역 정치세력의 대응〉, 《史林》 16, 수선사학회, 2001.
유명철, 〈1950년대 전국 제1의 야당 도시는 대구(大邱)다〉, 《국제정치연구》 20, 동아시아국제정치학회, 2017.
김상숙, 〈지역 지배세력의 형성과 변화:대구광역시의 사례〉, 《기억과 전망》 1, 민주화운동기념사업회 한국민주주의연구소, 2016.

제2부_일상을 특별하게 해주는 멋과 맛

내 몸에는 푸른 피가 흐른다, 삼성 라이온즈
김은식, 박준수, 《우리 야구장으로 여행갈까?》, 브레인스토어, 2013.
김은식, 《삼성 라이온즈 때문에 산다》, 브레인스토어, 2012.

한국의 바르셀로나를 꿈꾸는 시민 구단, 대구FC
김형준, 이승엽, 《K리그를 읽는 시간》, 북콤마, 2020.
문동욱, 최명수 외 3명, 〈시민구단 대구FC의 중장기 발전방안〉, 《체육연구》 10, 대구경북체육학회, 2014.
석원, 한준영, 〈도심 신축 스포츠 공간이 지역 사회에 미치는 영향: DGB대구은행파크의 도시재생 영향을 중심으로〉, 《한국스포츠산업경영학회지》 26, 한국스포츠산업경영학회, 2021.

도심 속 오아시스, 수성못 유원지
최상대, 《대구의 건축, 문화가 되다》, 학이사, 2016.
한일공통역사교재 제작팀, 《한국과 일본, 그 사이의 역사》, 휴머니스트, 2012.
한재경, 엄붕훈, 〈수성못유원지 장소성 인식〉, 《한국환경과학회 학술발표회 발표논문집》 2019, 한국환경과학회, 2019.
이영아, 박치완, 〈투어리스티피케이션의 성공적 대처를 통한 도시 활성화 연구:대구 수성못 일대의 관광지 사업화를 중심으로〉, 《글로벌문화콘텐츠학회 학술대회》 2017, 글로벌문화콘텐츠학회, 2017.

대구에서 체험하는 가장 근사한 맛, 막창구이
대구광역시, 《20세기 달구벌음식문화사-달구벌 맛과 멋》, 대구광역시, 2007.
한국민속박물관, 《한국의식주생활사전》, 한국민속박물관, 2018.
대구광역시, 《대구의 맛을 탐하다 탐味(미)》, 대구광역시, 2020.

매운 맛 속에 담긴 지혜, 동인동 찜갈비 골목
대구광역시, 《대구 참 좋다!》. 대구광역시, 2016.
권윤수, 장성태, 《길, 사람 그리고 도시》, 대구문화방송, 2015.
중앙M&B 편집부, 《원조맛집 100배 즐기기》, 랜덤하우스코리아, 2000.
대구광역시, 《대구의 맛을 탐하다 탐味(미)》, 대구광역시, 2020.

단순한 재료로 서민의 배를 채워준 납작만두
황서미, 《아무 걱정 없이, 오늘도 만두》, 따비, 2022.
대구광역시, 《대구의 맛을 탐하다 탐味(미)》, 대구광역시, 2020.

치맥페스티벌이 열리는 치킨의 성지

스티브 로빈슨, 《위대한 치킨의 탄생》, 이콘, 2023.
정은정, 《대한민국 치킨전》, 따비, 2014.
이욱정, 《치킨인류》, 마음산책, 2019.
대구광역시, 《대구의 맛을 탐하다 탐味(미)》. 대구광역시, 2020.

꽃향기만 남기고 갔단다, 사과 없는 사과의 고장

채희숙, 《특산물 기행》, 자연과생태, 2012.
이호철, 《한국 능금의 역사, 그 기원과 발전》, 문학과지성사, 2002.
이지용, 《우리곁의 노거수》, 아이컴, 2011.
대구근대역사관, 《대구능금, 소소한 이야기》, 대구근대역사관, 2022.

제3부_도심 속 역사 산책

실패한 달구벌 천도, 역사의 물줄기를 바꾸다

대구·경북역사연구회, 《역사 속의 대구, 대구 사람들》, 중심, 2001.
한준수, 〈신라 신문왕대 달구벌 移都의 추진과 兩京制〉, 《북악사론》 15, 2022.
전덕재, 〈新羅 神文王代遷都論의 提起와 王京의 再編에 대한 考察〉, 《新羅學研究》 8, 2004.
주보돈, 〈新羅의 達句伐遷都 企圖와 金氏集團의 由來〉, 《白山學報》 52. 1999.
이영호, 〈新羅의 遷都 문제〉, 《韓國古代史研究》 36, 2004.

대구 발전의 견인차가 된 경상감영

계명대학교 출판부, 《조선시대 대구의 모습과 사람》, 계명대학교출판부, 2002.
김정운, 〈경상감영의 설치와 대구의 변화〉, 《한국학논집》 93, 계명대학교 한국학연구원, 2023.
김일수, 〈근대전환기 경상감영의 변동과 훼손〉, 《민족문화논총》 64, 영남대학교 민족문화연구소, 2016.
구본욱, 〈경상감영의 대구 설치과정과 그 시기〉, 《한국학논집》 80, 계명대학교 한국학연구원, 2020.
김무진, 〈조선후기 경상감영에 관한 연구〉, 《學林》 36, 연세사학연구회, 2015.
임삼조, 〈경상감영 건물의 명칭과 그 의미〉, 《한국학논집》 93, 계명대학교 한국학연구원, 2023.

거리 이름으로 남은 대구읍성

대구교육박물관, 《대구읍성, 새로운 도시의 탄생》. 대구교육박물관, 2022.

대구·경북역사연구회, 《역사 속의 대구, 대구 사람들》, 중심, 2001.
계명대학교 출판부, 《조선시대 대구의 모습과 사람》, 계명대학교출판부, 2002.
최용석 〈일제강점기 대구의 식민도시화 과정〉, 《대구학》 2, 대구학회, 2023.
김철영, 〈대구시 읍성지역 역사문화유산의 보전과 활용을 위한 기본방향〉, 《도시설계:한국도시설계학회지》 15, 한국도시설계학회, 2014.
서응철, 배현미, 〈구읍성을 중심으로 한 대구시의 가로형성과정에 관한 연구〉, 《대한건축학회논문집》 14, 대한건축학회, 1998.

전국 유일의 국산 한약재 도매시장, 약전골목

신정일, 《신정일의 신 택리지》, 쌤앤파커스, 2020.
전영권, 《살고 싶은 그곳, 흥미로운 대구여행》, 푸른길, 2014.
계명대학교 출판부, 《조선시대 대구의 모습과 사람》, 계명대학교출판부, 2002.
한재경, 박세경, 〈대구 약전골목의 장소성 인식요인 인과구조분석〉, 《학술발표회 발표논문집》 11, 한국환경과학회, 2020.

사회가 필요로 하는 모습 보여준 대구제일교회

김정신, 《한국의 교회건축》, 미세움, 2012.
최상대, 《대구의 건축, 문화가 되다》, 학이사, 2016.
계명대학교 출판부, 《조선시대 대구의 모습과 사람》, 계명대학교출판부, 2002.
방승환, 〈대구 근대의식의 시작점, 청라언덕〉, 《국토:planning and policy》 464, 국토연구원, 2020.

근대의 시간과 문화로 채워진 공간, 청라언덕

유승훈, 《문화유산 일번지》, 글항아리, 2015.
최상대, 《대구의 건축, 문화가 되다》, 학이사, 2016.
계명대학교 출판부, 《조선시대 대구의 모습과 사람》, 계명대학교출판부, 2002.
방승환, 〈대구 근대의식의 시작점, 청라언덕〉, 《국토 : planning and policy》 464, 국토연구원, 2020.

대구 가톨릭의 성지, 계산성당

김용순, 박명예 외 6명, 《하루쯤 성당여행》, 책과함께, 2005.
김성호, 《종교건축기행 34》, W미디어, 2007.
김정신, 《한국의 교회건축》, 미세움, 2012.
유승훈, 《문화유산 일번지》, 글항아리, 2015.
최상대, 《대구의 건축, 문화가 되다》, 학이사, 2016.
계명대학교 출판부, 《조선시대 대구의 모습과 사람》, 계명대학교출판부, 2002.
이승우, 〈개항기 근대 성당건축의 비례 체계-명동성당과 계산성당을 중심으로〉, 《韓國思想과 文化》 67, 한국사상문화학회, 2013.

노비부터 황제까지 동참한 국채보상운동

노용필, 최기영, 서진교, 한철호, 《대한제국기 지방 사람들》, 어진이, 2006.
권대웅, 《근대 대구의 애국계몽운동》, 도서출판선인, 2021.
대구·경북역사연구회, 《역사 속의 대구, 대구 사람들》, 중심, 2001.
이문기, 〈국채보상운동 초기, 발상지 대구지역의 운동 전개 양상에 대한 재검토〉, 《대구사학》 142, 대구사학회, 2021.
주형일, 〈대구에서 발원한 국채보상운동의 사회문화적 전개양상과 함의〉, 《대구경북연구》 18, 재단법인 대구경북연구원, 2019.
박희진, 김영호, 엄창옥, 〈대구 수창사의 활동과 국채보상운동〉, 《대구사학》 131, 대구사학회, 2018.
심상훈, 〈한국국학진흥원 소장 자료를 통해 본 국채보상운동의 전개양상과 성격〉, 《동아인문학》 33, 동아인문학회, 2015.
한상구, 〈1907년 국채보상운동의 전국적 전개양상 연구〉, 《人文硏究》 75, 영남대학교 인문과학연구소, 2015.
이연, 〈대한매일신보와 국채보상운동〉, 《한국언론학회 심포지움 및 세미나》 2004, 한국언론학회, 2004.

학생들 불의에 맞서다, 2·28 민주운동

대구역사교사모임, 《선생님이 들려주는 근현대 대구 이야기》, 영한, 2010.
김삼웅, 《역사의 절망을 넘어》, 꽃자리, 2015.
윤순갑, 〈2·28민주운동과 대구정체성〉, 《大韓政治學會報》 26, 대한정치학회, 2018.
김태일, 〈4월 혁명의 출발:2·28대구민주운동의 정치사적 의의〉, 《한국정치외교사논총》 24, 한국정치외교사학회, 2003.
배규성, 〈대구 2·28민주운동〉, 《국제정치연구》 14, 동아시아국제정치학회, 2011.
김일수, 〈2·28민주운동의 인식변화와 4·19혁명으로의 계승〉, 《민족문화논총》 79, 영남대학교 민족문화연구소, 2021.
경북사학회, 〈대구의 민주화 운동을 말하다-2·28 운동의 전개와 의의〉, 《복현사림》 31, 경북사학회, 2013.

제4부_대구의 별이 된 인물들

왕을 대신한 죽음, 고려 개국공신 신숭겸

부경역사연구소, 《10세기 인물 열전》, 푸른역사, 2002.
신호철, 배재훈 외 9명 저, 《나말여초 신숭겸 연구》, 경인문화사, 2016.
김명진, 〈고려 태조 왕건의 공산동수전투와 신숭겸의 역할〉, 《한국중세사연구》 52, 한국중세사학회, 2018.

이재범, 〈신숭겸(申崇謙)의 생애(生涯)와 사후(死後) 추숭(追崇)〉, 《史林》 44, 수선사학회, 2013.
문안식, 〈신숭겸의 出自와 후삼국 통일 전쟁기의 활약〉, 《新羅史學報》 36, 신라사학회, 2016.
신호철, 〈고려 건국 기 신숭겸(申崇謙)의 출신과 정치적 성장〉, 《人文學誌》 53, 충북대학교 인문학연구소, 2016.

임진왜란 최초의 의병장, 홍의장군 곽재우

대구사학회, 《영남을 알면 한국사가 보인다》, 푸른역사, 2005.
신병주, 《조선평전》, 글항아리, 2011.
계명대학교 출판부, 《조선시대 대구의 모습과 사람》, 계명대학교출판부, 2002.
강문식,〈實錄을 통해 본 郭再祐(1552~1617)의 義兵 활동〉, 《규장각》 33, 서울대학교 규장각한국학연구원, 2008.
강문식, 〈壬亂 중·후기 郭再祐의 의병 활동〉, 《南冥學》 18, 南冥學研究院, 2013.
최효식, 〈임란기 망우당 곽재우의 의병항전〉, 《新羅文化》 24, 동국대학교(경주캠퍼스) 신라문화연구소, 2004.
이영숙, 〈망우당忘憂堂 곽재우郭再祐의 유적을 찾아서〉, 《선비문화》 34 남명학연구원, 2018.
김해영, 〈제6장 망우당 곽재우의 의병활동과 시기별 동향〉, 《남명학연구원총서》 7, 남명학연구원, 2014.
강문식, 〈제7장 실록을 통해 본 곽재우의 의병활동〉, 《남명학연구원총서》 7, 남명학연구원, 2014.
김윤곤, 〈한국 중세의 역사상 17:제3편 제2장 郭再祐의 의병활동〉, 《민족문화연구총서》 25, 영남대학교 민족문화연구소, 2001.

조선인이 된 일본 사무라이 김충선 장군

신정일, 《신정일의 신 택리지》, 쌤앤파커스, 2020.
중앙대 문화콘텐츠기술연구원, 건국대학교 아시아 디아스포라 연구소, 《그림과 사진으로 보는 다문화 한국사 이야기》, 도서출판선인, 2017.
KBS역사스페셜 제작팀, 《KBS 신 역사스페셜 우리 인물, 세계와 通하다》, 가디언, 2011.
신병주, 《참모로 산다는 것》, 매일경제신문사, 2023.
계명대학교 출판부, 《조선시대 대구의 모습과 사람》, 계명대학교출판부, 2002.
규장각한국학연구원, 《세상 사람의 조선여행》, 글항아리, 2012.
양흥숙, 〈조선후기 항왜(降倭)의 존재 양상과 정착–대구시 우록리 김충선의 후손 사례를 중심으로–〉, 《대구사학》 122, 대구사학회, 2016.
김선기, 〈항왜 사야가(沙也可 · 金忠善)의 실존인물로서의 의미와 평가〉, 《한일어문논집》 13, 한일일어일문학회, 2009.

사실주의 문학의 기틀을 마련한 소설가 현진건

정복여, 최유희 외 4명, 《소설처럼 읽는 이야기 문학상식》, 하이비전, 2006.

양진오, 《지역의 근대, 근대의 경계》, 서강대학교출판부, 2019.

남상권, 〈玄濬健과 玄鎭健의 대구와 서울-작가의 성장 공간과 활동 공간을 중심으로〉, 《語文學》 142, 한국어문학회, 2018.

정만진, 〈현진건 소설에 대한 올바른 이해〉, 《대구학》 2, 대구학회, 2023.

남상권, 〈현진건의 문학적 후견인과 개인적 재능-〈희생화〉, 〈지새는 안개〉를 중심으로〉, 《韓民族語文學》 90, 한민족어문학회, 2020.

고인환, 〈현진건 소설에 나타난 식민지 지식인의 근대적 자의식 연구〉, 《어문연구》 51, 어문연구학회, 2006.

박현수, 〈현진건 소설에서 체험의 문제〉, 《大東文化研究》 73, 성균관대학교 대동문화연구원, 2011.

박현수, 〈문인-기자로서의 현진건〉, 《泮橋語文研究 》 42, 반교어문학회, 2016.

김태엽, 〈현진건 소설의 방언 연구〉, 《국어국문학》 142 국어국문학회, 2006.

유기룡, 〈빙허 현진건의 생애〉, 《향토문학연구》 2, 향토문학연구회, 1999.

빼앗긴 들에서 봄을 노래한 시인 이상화

양진오, 《지역의 근대, 근대의 경계》, 서강대학교출판부, 2019.

이동순, 《이동순 교수의 시와 시인 이야기》, 월인, 2001.

박용찬, 《대구경북 근대문학과 매체》, 역락, 2022.

유신지, 여상임, 〈이상화 문학에 나타난 시적 상상력의 근원 연구〉, 《어문론총》 74, 한국문학언어학회, 2017.

김권동, 〈이상화의 〈빼앗긴 들에도 봄은 오는가〉에 대한 문학적 해석의 재고〉, 《語文學》 93, 한국어문학회, 2006.

김태엽, 〈이상화 시어에 나타나는 경북 방언, 《우리말 글》 41, 우리말글학회, 2007.

송명희, 〈이상화 시에 나타난 공간 이미지와 시간의식〉, 《比較文學》 6 韓國比較文學會, 1981.

김두한, 〈이상화의 연대기〉, 《향토문학연구》 3, 향토문학연구회, 2000.

한 손에는 펜, 한 손에는 총을 든 저항시인 이육사

양진오, 《지역의 근대, 근대의 경계》, 서강대학교출판부, 2019.

김용찬, 《다시, 시로 읽는 세상》, 휴머니스트, 2021.

함규진, 《최후의 선비들》, 인물과사상사, 2017.

김상기, 《행동하는 지성 한국의 독립운동가》, 충남대학교출판문화원, 2019.

이유식, 〈이육사 시 연구〉, 《국어교육》 42, 한국어교육학회, 1982.

이성우, 〈1920년대 이육사의 국내 독립운동〉, 《한국독립운동사연구》 67, 한국독립운동사연구소, 2019.

하상일, 〈이육사와 중국〉, 《배달말》 60, 배달말학회, 2017.

김희곤, 〈이육사의 독립운동에 대한 연구 성과와 과제〉, 《한국 근현대사 연구》 61, 한국근

현대사학회, 2012.
한경희, 〈지역문학의 범위와 문학적 성과—이육사의 경우〉, 《泮橋語文硏究》 17, 반교어문학회, 2004.

서민적 감성으로 방천시장을 살려낸 가수 김광석

황희진, 《골목길 거닐다 대구를 만나다》, 매일신문사, 2015.
이재현, 하수정 외 9명, 《인문학자들의 헐렁한 수다》, 한국문화사, 2017.
김유신, 〈대구 김광석길의 장소 형성과 도시재생:지역 예술가의 경험을 중심으로〉, 《민족문화논총》 78, 영남대학교 민족문화연구소, 2021.
박순호, 〈'김광석 다시 그리기 길'의 장소 만들기와 장소성〉, 《한국경제지리학회지》 23, 한국경제지리학회, 2020.
박순호, 〈방천시장과 '김광석 다시 그리기 길'의 도시재생 성과와 과제〉, 《한국경제지리학회지》 26, 한국경제지리학회, 2020.

제5부_도시가 들려주는 이야기

천천히 입증된 한반도 문명의 출발지

대구·경북역사연구회, 《역사 속의 대구, 대구 사람들》, 중심, 2001.
이상목, 강진구, 〈대구 월성동 구석기유적〉, 《한국구석기학회 학술대회 발표집》 78, 한국구석기학회, 2006.
양하석, 〈대구 월성동 후기 구석기 유적〉, 《전국역사학대회》 50, 한국고고학회, 2006.
김경진, 장용준, 〈대구 월성동 유적 출토 석기의 기능 연구〉, 《한국구석기학보》 34, 한국구석기학회, 2016.
정다운, 〈대구지역 청동기시대 묘와 출토 유물의 편년〉, 《한국청동기학보》 26, 한국청동기학회, 2020.
윤형규, 〈대구·경북 청동기시대 무덤의 전개를 통해 본 지역사회의 변화〉, 《한국청동기학보》 24, 한국청동기학회, 2019.

도심 곳곳에 발자국이 남은 공룡의 수도

양승영, 임성규, 〈대구시 신천의 하상에서 산출되는 공룡발자국 화석〉, 《정기총회 및 학술발표회》 1995, 한국고생물학회, 1995.
임성규, 〈학술발표회 초록:대구광역시 달서구 신당동에서 산출되는 공룡 발자국 화석〉, 《정기총회 및 학술발표회》 1996, 한국고생물학회, 1996.
김보영, 임성규, 〈대구광역시 신천하상의 백악기 반야월층에서 산출되는 공룡 발자국〉, 《科學敎育硏究誌》 28, 慶北大學校 科學敎育硏究所, 2004.
임성규, 〈대구광역시에 분포하는 공룡발자국 산지들의 지구과학교과의 현장학습장으로의 활용〉, 《한국지구과학회지》 23, 한국지구과학회, 2002.

고통의 역사를 왜곡 말라, 희움 일본군 위안부 역사관

박정애, 《함께 쓰는 역사 일본군 '위안부'》, 동북아역사재단, 2020.
정영환, 《누구를 위한 화해인가-'제국의 위안부'의 반역사성》, 푸른역사, 2016.
방지원, 《위안부 문제를 아이들에게 어떻게 가르칠까?:한국 편》, 생각비행, 2021.
남영주, 〈희움 일본군 위안부 역사관의 전시 현황과 활용성 제고 방안 연구〉, 《한국지형학회지》 19, 아시아문화학술원, 2017.
김훈, 〈일상으로 들어온 '근대'〉, 《住居》 11, 한국주거학회, 2016.

기지와 피란처로 이중 역할, 6·25 전쟁 임시 수도

김철수, 《그때는 전쟁, 지금은 휴전 6·25》, 플래닛미디어, 2017.
한국역사연구회 현대사분과, 《역사학의 시선으로 읽는 한국전쟁》, 휴머니스트, 2010.
정영진, 《대구 이야기》, 푸른사상, 2021.
양영조, 〈한국전쟁시 대구지역 피난민 실태 분석〉, 《군사》 50, 국방부군사편찬연구소, 2003.

각별한 마음 아쉬운 결과, 대통령의 도시

대구사학회, 《영남을 알면 한국사가 보인다》, 푸른역사, 2005.
정영진, 《대구 이야기》, 푸른사상, 2021.
박영규, 《한권으로 읽는 대한민국 대통령실록》, 웅진지식하우스, 2022.
강준식, 《대한민국의 대통령들》, 김영사, 2017.
김한창, 《한국의 대통령들》, 호박, 2017.

삼성그룹의 모태 삼성상회

대구사학회, 《영남을 알면 한국사가 보인다》, 푸른역사, 2005.
방기철, 《한국역사 속의 기업가》, 앨피, 2018.
김정동, 《김정동 교수의 근대건축기행》, 푸른역사, 1999.
이병철, 《호암자전-삼성 창업자 호암 이병철 자서전》, 나남출판, 2014.
이래호, 《이병철 삼성그룹 회장, 기록-또 하나의 가족》, 청미디어, 2023.
박광수, 《뉴 삼성의 시대가 온다》, 미래북, 2022.

전망대와 카페 거리가 기다리는 앞산 나들이

김영현, 《달구벌 유사-대구의 걷기길》, 영남대학교출판부, 2020.
권윤수, 장성태, 《길, 사람 그리고 도시》, 대구문화방송, 2015.
전영권, 〈지오 투어리즘(Geo-tourism) 위한 대구 앞산 활용방안〉, 《한국지역지리학회지》 111, 한국지역지리학회, 2005.
황국웅, 박진욱, 〈대구 앞산의 조망경관 특성분석과 개선방안〉, 《지역사회연구》 21, 한국지역사회학회, 2013.

찾아보기

키워드로 읽는 대구

기타

여행자를 위한
도시 인문학

초판 1쇄 발행 2024년 5월 1일

지은이 은동진
펴낸이 박희선

편집 채희숙
디자인 디자인 잔
사진 문화재청 국가문화유산포털, 국립중앙박물관, 국립민속박물관, 국립고궁박물관, 한국관광공사, 국립대구박물관, 대구교육박물관, 대구근대역사관, 대구향토역사관, 국채보상운동기념관, pixabay, istockphoto

발행처 도서출판 가지
등록번호 제25100-2013-000094호
주소 서울 서대문구 거북골로 154, 103-1001
전화 070-8959-1513
팩스 070-4332-1513
전자우편 kindsbook@naver.com
블로그 www.kindsbook.blog.me
인스타그램 www.instagram.com/kindsbook

ISBN 979-11-93810-04-0 (04980)
979-11-86440-17-9 (세트)